MAR CALMO NÃO FAZ
BOM MARINHEIRO

Aponte a câmera do seu celular
e conheça o livro.

Copyright © Max Fercondini, 2022
Copyright © INSIGNIA EDITORIAL LTDA, 2022

Edição: Felipe Colbert
Preparação de texto: Clarissa Melo
Revisão: Roberto da Silva
Projeto gráfico: Alberto Andrich

Publicado por Insígnia Editorial
www.insigniaeditorial.com.br
Instagram: @insigniaeditorial
Facebook: facebook.com/insigniaeditorial
E-mail: contato@insigniaeditorial.com.br

Impresso no Brasil.

Dados Internacionais de Catalogação na Publicação (CIP)
(Câmara Brasileira do Livro, SP, Brasil)

Fercondini, Max
   Mar calmo não faz bom marinheiro : breviário de uma aventura / Max Fercondini. -- São Paulo : Insígnia Editorial, 2022.

   ISBN 978-65-84839-05-2

   1. Barcos 2. Descrição e viagens 3. Experiência de vida 4. Fercondini, Max 5. Relatos de viagens I. Título.

22-111917   CDD-920.71

Índices para catálogo sistemático:

1. Relatos de viagens : Biografia 920.71

Aline Graziele Benitez - Bibliotecária - CRB-1/3129

MAX FERCONDINI

MAR CALMO NÃO FAZ BOM MARINHEIRO

— BREVIÁRIO DE UMA AVENTURA —

PRIMEIRA EDIÇÃO

INSÍGNIA

À minha família, em especial à Chloe, minha linda sobrinha, a quem desejo uma vida cheia de aventuras.

SUMÁRIO

MAR CALMO NÃO
FAZ BOM MARINHEIRO

NOTA DO AUTOR

Estas páginas foram escritas durante a longa travessia do Atlântico; enquanto eu tomava um café em uma padaria, em alguma ilha do Caribe; na lavanderia da marina de Lisboa, aguardando a roupa ficar pronta; entre o nascer e o pôr do sol, durante as intermináveis navegações no Mediterrâneo; e em algum porto europeu que me servia de cenário e inspiração para relatar o que eu estava vivendo.

Os caminhos que eu escolhi me levaram a compor os capítulos dessa história real. E mais. Evocaram emoções e memórias que eu vivi em terra quando ainda não imaginava que o mundo pertence àqueles que o decidem conquistar.

CAPÍTULO I
ENCONTRANDO EILEEN

"Vai ajudar na separação, Max?", dizia a irônica mensagem do meu amigo Fábio, enviada quando soube que eu estava em Barcelona, no mesmo momento em que o partido espanhol de direita lutava pela independência da região da Catalunha, em outubro de 2017. A pergunta do meu amigo (com ênfase na palavra "separação") tinha uma conotação política, mas também fazia referência ao término recente do meu relacionamento de nove anos e meio com minha ex-mulher.

O fato é que eu estava em solo espanhol exatamente na semana mais conturbada do país naquele ano. Os catalães enfrentavam um momento político crítico com os movimentos sociais que tomavam as ruas pela independência daquela região do resto da Espanha. Assim como eu, que planejava exilar-me do Brasil, o primeiro-ministro havia acabado de escapar para o exterior, no seu caso, fugindo da ameaça de prisão determinada pelo parlamento espanhol depois de proclamar a independência da Catalunha, em um ato considerado inconstitucional pela oposição.

Apesar de não estar a par de todas as questões políticas da Espanha, antes vir para cá, foi a ironia na mensagem do Fábio que mexeu comigo. Para evitar qualquer indisposição com ele, respondi de maneira sucinta, simplesmente afirmando que estava à procura de um veleiro, no qual eu pretendia morar pelos próximos anos.

Havia apenas duas horas que eu acabara de pousar no país de Pablo Picasso. Apesar de me sentir bastante cansado da viagem, eu estava ansioso pelos dias que se seguiriam e pela ideia de comprar um veleiro. Ao invés de alugar um carro e reservar um hotel, eu preferi pegar um *motorhome*, uma espécie de casa sobre rodas e, assim, ter mais liberdade para escolher meu caminho. Porém, minha nova aventura se anunciava com traços do passado.

Por mais que a ideia de percorrer a costa da Espanha em busca de um barco fosse excitante, eu não esperava que essa nova *road trip* fosse me trazer tantas memórias de minha ex-mulher. Afinal, no ano anterior, nós dois tínhamos percorrido 21 mil quilômetros da América do Sul durante seis meses consecutivos, também a bordo de um *motorhome*. Mas, agora, essas lembranças deveriam ser águas passadas. E eu deveria olhar para frente.

Porém, já nas primeiras horas, havia sinais de que estar sozinho não seria nada fácil. Em um certo momento, me vi dando voltas na praça *Mirador de Colón*, sem conseguir encontrar meu rumo. Apesar da distância com o Brasil, vários elementos, além do próprio *motorhome*, me remetiam ao passado recente. Até mesmo a figura de Cristóvão Colombo apontando para o Oeste, onde está a América, em um monumento de sessenta e poucos metros de altura no centro da praça, esfregava na minha cara a memória que eu queria esquecer. Tudo o que eu menos desejava era a lembrança de que existisse o Novo Mundo, descoberto pelo navegador, no qual eu deixava a história da minha vida para trás. E desabei a chorar.

De certa forma eu me sentia sem rumo, na vida e no trânsito caótico de cidade grande de Barcelona. Parecia que algo, dentro e fora de mim, me impedia de seguir em frente. Tentei me concentrar no caminho que o GPS insistia em corrigir, mas as lágrimas me escapavam sem freio e atrapalhavam minha visão contra o pôr do sol que inevitavelmente anunciava a noite solitária. Sentia-me deveras sozinho, errante e exausto, contando apenas com a chance de encontrar uma rua tranquila onde eu pudesse estacionar o *motorhome* e descansar. Depois de ter rodado por cerca de uma hora, avistei uma vaga apertada em um local escuro na região portuária de Barcelona, que julguei ser seguro e discreto o suficiente para passar essa primeira noite e me restaurar da viagem entre o Brasil e a Espanha.

Vir a um país estrangeiro para comprar um barco não é coisa para amadores e isso também me angustiava. Inexperiente, eu precisaria encontrar alguém que fosse da área náutica para me ajudar em minha busca. Mas o que eu iria fazer? Como eu encontraria alguém para me ajudar? Fui dormir apreensivo, esperando que o dia seguinte iluminasse meu caminho.

Quando acordei, não podia acreditar: pela janela do *motorhome*, vi que estacionara na entrada do Real Clube Náutico de Barcelona! Era o lugar perfeito para conseguir as informações que eu precisava. Teria sido um mero acaso eu ter parado justo ali? Decidido, me dirigi ao porteiro que estava na guarita de entrada do clube.

— Bom dia. Posso entrar para conhecer o clube? — arrisquei minhas primeiras palavras em espanhol com forte sotaque latino-americano.

— Aqui só são permitidos sócios — o porteiro me respondeu, enquanto tomava um café naquela manhã.

— Mas é que eu estou interessado em comprar um barco... — continuei, sem me dar por vencido. — Gostaria de conversar com alguém que possa me mostrar alguns veleiros à venda aqui no clube.

— Sozinho, você não pode entrar. Tem que estar acompanhado de um corretor. — Sorveu um gole de café.

— E o senhor conhece algum corretor para me indicar?

— Ligue para o Carlos. — O porteiro estendeu a mão com um cartão encarnado com os contatos do corretor.

Carlos era um argentino radicado em terras espanholas há mais de quatro décadas e que se tornara consultor náutico logo depois de ter deixado sua cidade natal, Buenos Aires. Telefonei para ele e combinamos de nos encontrarmos naquele mesmo dia, no decorrer da próxima hora. Enquanto o aguardava, resolvi comer algo no *motorhome*, que permanecia no outro lado da rua. Em menos de 40 minutos, vi um distinto senhor estacionar seu carro logo na minha frente. Carlos era alto, com a pele bronzeada de sol e pequenas rugas no canto dos olhos que conferiam um olhar simpático e experiente. Tão logo me viu, estendeu a mão em um forte aperto e, após as apresentações formais, expliquei a ele que gostaria de ver algumas opções de veleiros entre 35 e 40 pés de comprimento (cerca de 10 a 12 metros).

Porém, no Clube Náutico, Carlos só tinha um único veleiro disponível para venda: um Beneteau de 50 pés (cerca de 15 metros), muito malcuidado e grande demais, inclusive para meu orçamento. Quanto maior o barco, maiores seriam os custos e, possivelmente, os problemas. Insisti que ele me mostrasse mais opções, mesmo que tivéssemos que procurar em outra marina. Então, Carlos sugeriu que fôssemos a um porto vizinho, a quinze minutos de distância dali. Lá, ele teria mais opções que me poderiam interessar.

Juntos, fomos em seu carro para El Masnou, um município vizinho à cidade de Barcelona. No caminho, conversamos um pouco sobre política, a rivalidade entre Brasil e Argentina no futebol e outras trivialidades, enquanto eu tentava provar que minha intenção de compra era séria. Desde o início, senti certa desconfiança da parte de Carlos. Afinal, eu tinha um aspecto bem jovial e morava em outro continente, motivos que poderiam não lhe assegurar que o tempo dedicado a mim seria recompensado com a concretização de negócio. Mesmo assim, Carlos foi extremamente profissional — acho até que foi com a minha cara — e me tratou com a melhor cordialidade argentina até a nova marina.

Eu não esperava encontrar um barco para a minha expedição tão cedo, por isso lhe pedi que me mostrasse diferentes modelos. Eu queria aperfeiçoar minha pesquisa no local, de acordo com as circunstâncias, antes de decidir qual veleiro seria minha nova casa. Já conhecia bem o conceito dos grandes estaleiros, como Jeanneau, Bavaria, Dufour e Beneteau, e suas populares embarcações, geralmente apresentadas nas feiras e salões náuticos ao redor do mundo. Os franceses e alemães definitivamente dominam o mercado com barcos feitos em série. Mas eu ainda não conhecia outros fabricantes europeus, como Hallberg-Rassy, Oyster, Hanse e Amel. Quando o assunto é construção naval, é importante saber que tradição geralmente resulta em qualidade, e barcos seriados nem sempre entregam a robustez necessária para quem pretende navegar em alto-mar.

Na marina de Port Masnou, as águas calmas pareciam espelhar a paciência e gentileza de Carlos, que caminhou comigo durante toda a tarde pelos píeres. Entramos em uma dúzia de embarcações diferentes, mas nada parecia me chamar a atenção.

Até que a vi, com seus 44 pés de comprimento (cerca de 13 metros), casco branco, *cockpit* coberto, pequenos detalhes em nobre e elegante madeira, construída por um estaleiro espanhol chamado North Wind. Apesar de não ter a dimensão do Beneteau de Barcelona, também parecia-me um pouco grande. Como a ideia era velejar sozinho, acreditava que um barco menor seria mais adequado. Mas eu estava encantado!

De qualquer maneira, era cedo para tomar uma decisão. Pedi ao Carlos que me encaminhasse suas informações detalhadas para que eu pudesse avaliá-la melhor. Eu estava apenas no primeiro dia de uma peregrinação e ainda tinha que visitar outros portos e estaleiros da Espanha. Assim, lhe avisei que faria contato caso resolvesse ficar com aquela belíssima embarcação de nome Eileen.

***

A Espanha é realmente um paraíso para quem deseja navegar. Há inúmeras marinas com boa infraestrutura e milhares de embarcações a motor ou a vela para todos os gostos. Desde que decidi vir até aqui, eu já esperava ver muitos barcos, como os sites de venda *on-line* me asseguravam estar disponíveis. Mas a realidade é ainda mais impressionante.

Entrávamos na baixa temporada na Europa, pois, a essa altura do ano, o outono já havia chegado. Muitos proprietários que aproveitaram o último verão no mar, agora estavam dispostos a se desfazer das embarcações, que geram mais custos do que prazer, porque ficam a maior parte do tempo atracadas. Em países onde as estações se pronunciam de maneira acentuada, um barco pode ser considerado uma despesa e tanto se não for utilizado com frequência, como acontece no inverno.

Segui dirigindo entre Barcelona e Valência, primeira parada da viagem, e aproveitei para comer a verdadeira *paella* valenciana no clube de vela da cidade com um tal de Genovês, de longos cabelos louros e dentes malcuidados que se assemelhava a um *viking*, e que me mostrou alguns barcos à venda na marina local. De Valência para Dênia, porto mais próximo das ilhas Baleares, viajei imaginando como seria navegar até Ibiza, Maiorca e Menorca. De Dênia, desci para visitar um anfiteatro romano em Cartagena, que, na Antiguidade, fora um importante porto do império. Essa cidade costeira tem mais de dois mil anos e até hoje é um reduto de velejadores que entram ou saem do Mediterrâneo. De Cartagena, segui para Málaga, cidade onde nasceu Picasso, e assim fui descobrindo um país encantador, com rica história, gastronomia e forte relação com o mar. Quanto mais eu descia ao Sul, mais entrava em contato com a cultura espanhola, que é muito hospitaleira, em especial na região de Andaluzia.

A cada marina, encontrava outros vendedores de barcos. Alguns eram muito solícitos e simpáticos; outros estavam ocupados demais para me atender e não me davam a atenção que eu necessitava. Porém, eu não me desanimava, e segui batendo de "porto em porto".

A essa altura, eu me importava pouco de estar sozinho. As antigas memórias eram substituídas pelas paisagens paradisíacas das estradas da *Costa del Sol*, que aqueciam minha busca, mesmo no outono europeu. Aos poucos, eu aprendia a fazer companhia a mim mesmo, focado no meu objetivo. Ainda assim, eu não havia encontrado o veleiro que eu queria para ser o meu novo lar e, de certa forma, me sentia um tanto angustiado.

Acontece que escolher um barco é diferente de escolher uma casa. Há mais detalhes e algumas especificações técnicas complicadas a se considerar. Você pode gostar de um modelo, mas ele pode não estar nas condições ideais para se morar. Ou pode esconder algum problema mecânico ou estrutural que dê prejuízo no futuro. Por isso, era preciso ter cautela e ouvir bem as informações de quem era da área. Vez ou outra, eu ligava para o argentino Carlos para tirar alguma dúvida sobre os barcos que eu visitava. Ele não tinha obrigação de me atender, mas, talvez por cortesia, talvez por algo próximo de um apadrinhamento, me orientava na medida do possível.

Como eu imaginava passar boa parte do tempo atracado em marinas, o espaço interno era uma prioridade na hora de tomar a decisão. Por isso, eu visitava barcos de vários tamanhos, preços e anos de fabricação. Um veleiro de 35 pés de comprimento (cerca de 10 metros), por exemplo, já seria o suficiente para mim, mas outros de 40 e poucos pés (cerca de 12 metros) me pareciam ainda mais confortáveis. Contudo, quanto maior o barco, mais trabalhoso seria para manobrá-lo sozinho. Eu sentia que precisava entrar em um veleiro que me despertasse uma energia boa para não querer mais sair. Algo que fosse aconchegante, mas que também coubesse no meu orçamento e, sobretudo, navegasse bem.

A semana ia se acabando. Eu já tinha percorrido todas as principais cidades espanholas à margem do Mediterrâneo e dirigia pelo litoral do Atlântico, mais precisamente pela cidade de Cádis. Ou eu continuava subindo a costa em direção a Portugal, ou voltava para Barcelona. Eu já não tinha muito tempo para continuar na estrada, pois em breve teria que retornar ao

Brasil. Resolvi, então, ligar novamente para o Carlos para falar sobre minha pesquisa e sobre Eileen, o único veleiro de que havia gostado de verdade.

— Carlos, eu gostaria de poder velejar com a Eileen. Eu não tenho outra forma de saber como é sua navegabilidade e preciso ter certeza de que dou conta de conduzi-la sozinho.

— Para isso, o barco precisa entrar em pré-compra e você tem que oferecer ao proprietário pelo menos um sinal sobre o valor pedido.

— Mas eu não trouxe dinheiro suficiente...

Em retrospectiva, eu acho que não estava preparado para comprar o veleiro. Sim, é verdade que vim do Brasil com essa missão, mas não havia trazido dinheiro nem me organizado para fazer uma transferência bancária de alto valor. Será que, no fundo, essa viagem era apenas uma fuga? É excitante começar uma vida nova, mas também é assustador. Lançar-se no mar não é fácil, muita coisa pode dar errado, e comprar o barco significaria que teria que seguir adiante com meu plano. Eu daria conta de uma aventura dessas sozinho?

Carlos disse que conversaria com o dono do barco para ver qual a possibilidade de um *test drive*, mesmo sem um sinal financeiro. Mas havia outro problema: eu estava a aproximadamente 1.000 quilômetros de distância de Barcelona e meu voo de volta ao Brasil seria em três dias. Ou seja, teríamos somente o próximo domingo para poder navegar. Carlos ficou de me confirmar a disponibilidade e eu decidi que, no dia seguinte, independentemente de sua resposta, eu dirigiria por cerca de doze horas seguidas para chegar a El Masnou no final da tarde de sábado.

Antes mesmo de amanhecer, me lancei mais uma vez na estrada. Por conta do tempo apertado, passei com pressa pelas cidades de Sevilha e Córdoba, somente para tomar um café da manhã na primeira e para almoçar na segunda. Nem mesmo pude dar uma volta para conhecer a história dessas importantes cidades espanholas, símbolos da guerra religiosa entre os cristãos e os muçulmanos no passado. Mas eu estava focado e não queria me distrair com nada. Lembro-me de olhar para o céu enquanto dirigia e pedir que Deus me desse um sinal (não financeiro, é claro...), me mostrasse se Eileen era o barco certo para o meu propósito. A resposta não poderia tardar, pois tudo deveria ser decidido nas próximas 48 horas, antes do meu retorno ao Brasil.

Assim que eu cheguei a El Masnou, busquei no GPS um local para estacionar o *motorhome*, um lugar qualquer com o mínimo de infraestrutura. Essas seriam minhas duas últimas noites na Espanha e eu pretendia descansar para encarar a viagem de volta. A minha surpresa foi encontrar um *camping* a menos de 500 metros da marina de Masnou! Isso é muito raro, já que não há muitos *campings* nas regiões metropolitanas. Fiz imediatamente o *check-in* e fui ao encontro de Eileen, que estava exatamente onde a tinha visto antes. Sentei-me no chão do píer próximo à popa da embarcação e fiquei olhando, sem me mover, para aquele grande veleiro de casco branco e curvas afiadas. Será que eu conseguiria morar em um barco? Será que daria tudo certo? E mais importante: será que essa minha escolha de vida não era realmente uma fuga da minha realidade com o trauma da separação vivida recentemente?

O sol se pôs no Oeste e trouxe consigo a lua crescente, que sorria no céu alaranjado. Então, avistei um pai com um menino de uns 7 ou 8 anos de idade caminhando em minha direção. Eles pareciam se divertir enquanto conversavam sobre os barcos da marina. Sem nenhuma razão aparente, os dois pararam ao meu lado, justamente em frente à Eileen, e ficaram observando-a. Eu resolvi puxar papo com o homem, curioso para saber se, por acaso, ele era o dono do barco que estava à nossa frente.

— Não sou o dono, não. Mas esse é o veleiro que eu mais gosto aqui em Masnou.

Nesse momento voltei de novo minha cabeça para o céu, já com as primeiras estrelas da noite, e agradeci silenciosamente a Deus por aquilo que me soava como uma resposta ao meu pedido. Nada poderia ser mais simbólico do que um pai com uma criança a atestar a beleza da Eileen que eu pensava em comprar.

Como não havia ninguém que pudesse nos impedir, subimos na embarcação para vê-la mais de perto. Seu filho brincava na roda de leme como se estivesse navegando em alto-mar, enquanto nós dois, adultos, nos fazíamos crianças mexendo nos cabos e velas. É como dizem, "os meninos crescem e seus brinquedos só aumentam de tamanho". Sergio, como se chamava aquele senhor, ainda me contou um pouco mais sobre a Eileen, pois ele conhecia pessoalmente o estaleiro que construiu o barco. Ele me assegurou que ela era forte para aguentar grandes mares, o que aumentou meu interesse e a certeza de que seria uma compra segura. Trocamos mais algumas ideias sobre como deveria ser o processo para se adquirir esse tipo de bem na Espanha e nos despedimos após ele me dizer que vivia na marina, em um barco a poucos metros dali.

— Se você fechar negócio, será um prazer sermos vizinhos — disse Sergio, que, depois disso, começou a caminhar com seu filho em direção à sua casa flutuante.

Voltei a ficar sozinho aos pés da Eileen. Meu coração se acalmou e me animei com o que havia passado. Apesar de ser tarde da noite, Carlos retornou a ligação para confirmar que tinha conversado com o proprietário da Eileen e que ele autorizava velejarmos no dia seguinte, por volta das dez da manhã. Quase não preguei os olhos de tanta ansiedade até que consegui descansar o corpo depois do longo dia na estrada.

Na manhã seguinte, sem atraso, eu estava mais uma vez no píer à espera do Carlos, que, além de ser consultor de barcos, também é instrutor de vela e faria as honras de velejar comigo. Quando ele chegou, começamos a preparar Eileen para sairmos enquanto eu aproveitava o tempo de aquecimento do motor para me familiarizar com os cabos e procedimentos do veleiro. Carlos pacientemente me explicou que a embarcação possuía enrolador para as duas velas, tanto para a genoa (vela da frente) quanto para a grande, que enrola no próprio mastro. No total, são quatro catracas para caçar os cabos que ajustam os "panos", sendo uma delas elétrica para reduzir o esforço físico na abertura da vela grande. A casa de máquinas ficava disposta em local de fácil acesso para manutenções e contava com um motor a diesel de 59 cavalos de potência e dois tanques de combustível de 350 litros cada. Isso permitia autonomia de mais de 120 horas para navegar em dias de pouco ou nenhum vento. Realmente, esse era um barco diferente de todos os que eu havia visitado.

Com tudo pronto para navegarmos, soltamos as amarras do Port Masnou e deixamos a marina em direção ao mar da Costa Brava. Com o afastamento do litoral, desligamos o motor e abrimos as velas para sentir o barco gentilmente adernar com a brisa que soprava a oeste naquela manhã de céu claro. Sentir a Eileen em minhas mãos, impelida apenas pelo vento, sulcando o mar sem o uso de qualquer fonte motora, me deu um sentimento imediato de liberdade. Com ela, eu senti que poderia ir para onde quisesse.

Fizemos alguns bordos e outras manobras para que eu pudesse experimentar o peso da responsabilidade que teria com o grande veleiro. Não senti a menor dificuldade com as velas, pois a Eileen parecia saber por si só o que estava fazendo e foi muito dócil comigo nesse primeiro momento, em que me mostrava seu temperamento no mar. Como o *test drive* não podia ser longo, Carlos me pediu que apontasse a proa novamente para a costa, para que pudéssemos regressar à marina. Havia passado apenas 30 minutos desde que saímos, mas esse tempo foi mais do que suficiente para eu ter certeza de que eu tinha o barco nas minhas mãos. Assim, chamei Carlos para perto e lhe expliquei qual era o meu objetivo seguinte.

— Carlos, eu voltaria para o Brasil amanhã, às nove da manhã. Mas não vou embarcar nesse voo, pois quero me sentar com o dono do barco e fazer uma proposta.

Carlos abriu um leve sorriso no rosto e assentiu com a cabeça de maneira gentil. Percebi em seus olhos que, além de estar contente com o encaminhamento da venda, ele também estava feliz por mim. Os homens do mar são generosos, e ele sabia que tinha me ganhado como cliente. A gratidão era recíproca, e nós estávamos no lugar que mais desejávamos: o mar. Entramos na marina e amarramos cuidadosamente a Eileen no lugar onde ela havia estado nas últimas semanas.

No dia seguinte, no mesmo horário em que decolava o meu voo para o Brasil, sentei-me com o dono da Eileen em um café de onde podíamos ver o veleiro na água. O senhor proprietário estava contente por ter achado alguém que estava interessado em seu veleiro, apesar das saudosas memórias que seus olhos refletiam ao olhar para a embarcação.

Na mesa éramos três pessoas dispostas a realizar o negócio e não havia motivos para não chegarmos a um acordo. O dono não queria baixar o valor do anúncio, pois já tinha reduzido ao máximo sua margem, e eu também sabia que preço e valor são coisas diferentes em uma compra. Como eu tinha visto muitas outras opções de barcos, tinha certeza de que os euros pedidos não estavam fora da realidade, apesar de o custo ser ligeiramente mais alto do que eu estava disposto a pagar. Preferi trocar qualquer pequeno desconto que ele pudesse me dar por alguns reparos que me custariam para preparar o barco. Assim, não tinha como não fecharmos o negócio e apertamos as mãos para selar a negociação. Carlos se adiantou para redigir o contrato. Pedi-lhe que me desse um prazo um pouco maior do que o habitual para eu ter tempo hábil para voltar ao Brasil e me organizar com a transferência do dinheiro. Combinamos que um sinal de 10% do valor fosse feito na assinatura e eu me ausentei alguns minutos para falar com a gerente do meu banco no Brasil. Foi a ela que dei, em primeira mão, a notícia da compra. Como eu sempre tive um bom relacionamento com meu banco, ela me autorizou o valor mesmo eu estando distante e disse que, quando eu voltasse ao Brasil, eu passasse na agência pessoalmente para assinar os papéis.

Tudo indicava que Eileen era meu destino.

Mas havia mais uma última condição que eu viria a colocar na mesa de negociação com o vendedor antes de tudo estar firmado. Eu havia alugado o *motorhome* para passar sete dias na Espanha. Com a devolução da minha casa sobre rodas, eu não teria onde ficar. Então blefei, condicionando todo o negócio à possibilidade de poder, naquele mesmo dia, passar a primeira noite a bordo da Eileen. Carlos apoiou as mãos sobre o contrato na mesa segurando a respiração e aguardou a reação do vendedor que, sem hesitar, confirmou o que eu mais queria ouvir:

— O barco é seu, Max! Faça como quiser.

Enfim, assinamos os papéis e apertamos novamente as mãos, satisfeitos. Carlos me deu um abraço e os parabéns pela aquisição do veleiro. Nem ele nem eu podíamos acreditar que, neste curto espaço de tempo, as coisas avançariam tão rápido, muito menos que seria a Eileen a garota que me acompanharia nessa nova fase.

Sem mais formalidades, me despedi e organizei minha vida para ficar mais alguns dias na Espanha. Na primeira noite embarcado na Eileen, dormi com o balanço da água na marina calma, que embalou o meu sonho de uma nova vida sobre as ondas.

CAPÍTULO II
AJUSTANDO AS VELAS

Era o último dia útil da semana quando compareci a uma reunião com o departamento de Recursos Humanos da emissora de televisão na qual eu trabalhava havia cerca de 15 anos. Por conta do meu histórico profissional, acreditava que iríamos reajustar os valores salariais referentes à inflação anual e possivelmente discutir um aumento, levando-se em consideração o meu desempenho em novelas e programas da casa.

Eu estava confiante. Ao chegar, cumprimentei meus superiores, que me ofereceram água e cafezinho. Tudo seguia normalmente, até que a diretora de contratação de elenco me surpreendeu com o seguinte anúncio, cheio das formalidades típicas de uma grande organização:

— Max, fizemos questão de marcar esta reunião presencial, porque todos nós temos carinho por você e pelo trabalho que você sempre apresentou nos diversos produtos em que foi alocado. Mas não vamos dar continuidade ao seu vínculo com a empresa. Estamos dispensando você.

O cenário de início de crise que se instalava naquele conturbado ano de 2014, no Brasil, tinha um reflexo forte no mercado audiovisual, sobretudo nas empresas de televisão. A mudança de comportamento dos telespectadores acentuava ainda mais as projeções de menor audiência para os próximos anos e, de fato, a empresa precisava rever sua forma de gerar o conteúdo e gerir o elenco fixo da emissora. Eu estava com 28 anos de idade e já tinha uma trajetória artística longa, com projetos profissionais definidos para o futuro, dos quais, mesmo sem contrato certo, estava cotado para participar. Porém, nunca teria passado pela minha cabeça que, justamente quando tudo parecia ir tão bem, eu fosse enfrentar uma rescisão contratual. O que eu iria fazer?

A decisão foi muito estranha. Ainda estavam no ar alguns projetos para os quais eu era essencial. No entanto, apesar do meu questionamento, a empresa não ia rever sua posição, que não era pessoal e vinha de cima. Com a fatídica notícia, voltei para casa e comecei a colocar em perspectiva o valor do meu trabalho. Naquela noite, defini que meus projetos pessoais seriam minha prioridade, independentemente de qualquer ambição profissional ou conforto financeiro.

Eu já tinha conquistado muito espaço nas artes cênicas, em especial por ter começado a trabalhar muito jovem. Não que eu tenha escolhido a carreira artística com total confiança. Quando adolescente, eu ainda nem tinha estabelecido um propósito de vida. Talvez, se eu tivesse a maturidade que tenho hoje, teria me dedicado à aviação comercial, pois voar sempre foi uma das minhas maiores paixões.

Não à toa, na primeira oportunidade que tive, ainda aos 21 anos de idade, me matriculei em um curso de pilotagem na cidade do Rio de Janeiro, onde eu morava, ao mesmo tempo em que me dedicava à carreira de ator. Foi assim que eu me dividi entre as obrigações profissionais na televisão e os estudos de teoria de voo, conhecimentos técnicos, meteorologia, navegação aérea e regulamentos aeronáuticos. Lembro-me de estar nos bastidores dos estúdios e ser motivo de brincadeiras de alguns colegas quando me viam estudando pelos cantos. Claro que não eram todos que faziam piada de mim, alguns até me incentivavam e se admiravam com a minha escolha incomum entre os artistas, mas o fato era que eu almejava novos ares há tempos, sem imaginar onde isso poderia me levar. E, como na vida os caminhos nem sempre são retos, sem que eu soubesse, foi justamente a aeronáutica que me deu um propósito quando a minha vida profissional passava por turbulências.

Apesar de eu pretender ter na aviação um *hobby*, foi necessária bastante dedicação e, após cerca de seis meses de estudos teóricos, dos quais fui autodidata, e mais quarenta e três horas de voos práticos com instrutores no emblemático Aeroclube do Brasil, fundado por Santos Dumont em 1911, eu estava apto a alçar meus primeiros voos solos. Quando levava passageiros a bordo, era a minha mãe, minha grande incentivadora, ou então alguns colegas de trabalho que serviam de cobaia. Aos poucos, fui ganhando confiança e respeito pelo que, em breve, tentaria transformar em um projeto.

Comecei então a idealizar uma expedição aérea pelo país, a qual dei o título provisório de "Nas asas do Brasil", mais tarde vindo a se chamar "Sobre as asas". Para realizar essa aventura, eu convidei a mulher com quem eu já morava havia quase uma década. A ideia era ela fazer parte desse projeto como minha companheira de viagem e apresentadora.

Marquei uma nova reunião na empresa, dessa vez na área de jornalismo. Preparei uma apresentação que mostrava as belezas naturais do Brasil, que só podem ser observadas e filmadas do alto. Esse era meu maior trunfo. E, nesse projeto, eu não abriria mão de ser o produtor, diretor e apresentador, somando essas três funções e capitalizando o máximo que pudesse. Depois de 40 minutos de reunião, contrapropostas e alinhamentos, consegui convencer meus chefes de que realizar a expedição aérea seria algo inédito na televisão brasileira. Mas a empresa não poderia me contratar de volta. Fazia menos de cinco meses que eu deixara de ser funcionário fixo. Então combinamos que, se eu entregasse os oito episódios ofertados, eles comprariam o conteúdo e exibiriam aos sábados pela manhã.

Peguei minhas economias, comprei o avião monomotor que eu sempre desejei e assumi a responsabilidade de entregar, no prazo acertado, todos os episódios já editados e prontos para ir ao ar. Extasiados com a missão desafiadora, minha mulher e eu decolamos no Rio de Janeiro e começamos a nossa epopeia aérea. Pousamos em tribo indígena na Amazônia, comunidades de ribeirinhos no Centro-Oeste, em assentamentos quilombolas no Nordeste; capturamos uma onça pintada no Pantanal para documentar uma pesquisa científica (a onça foi devolvida ao ambiente natural após coleta de informações sobre sua saúde); sobrevoamos os lagos e planícies do Sul e grandes centros urbanos no Sudeste. Tudo isso com foco em projetos de cunho socioambiental. Foram os meses mais estressantes da minha vida! Além de dirigir e apresentar o programa, tive que pilotar o avião, fazer as imagens aéreas como cinegrafista e cuidar da edição do material captado.

Ao final da empreitada, eu tinha em mãos um produto que marcou minha transição e crescimento profissional como produtor independente. O avião me levou a descobrir novos caminhos para seguir com uma vida de mais aventuras. Com a estreia do programa na televisão e com a boa repercussão de crítica e audiência, me dei conta de que o céu não era mais o limite e que eu poderia me dedicar a novas viagens cinematográficas, no mesmo formato que eu já havia criado ao lado da minha companheira.

Marquei uma nova reunião com o mesmo time de jornalismo da televisão. Dessa vez o terreno já estava mais preparado, pois eu havia conquistado a confiança dos meus chefes como realizador de expedições e gravações em lugares remotos ou de difícil acesso. A proposta agora tinha como objetivo percorrer as estradas da América do Sul a bordo de uma "casa sobre rodas", um *motorhome*. Nessa nova aventura, minha mulher e eu teríamos a oportunidade de conhecer mais sobre a cultura dos nossos *hermanos* e percorrer 21 mil quilômetros da América Latina. Mas a viagem que fizemos nos proporcionou experiências ainda mais inusitadas. Na Argentina, caminhamos sobre uma geleira acompanhados de um glaciologista que estuda as mudanças climáticas e, na Patagônia, ajudamos paleontólogos a escavarem um dinossauro de mais de 90 milhões de anos. No Chile, escalamos um vulcão ativo e conduzimos o *motorhome* pelo Atacama até o maior observatório ótico do mundo, onde astrônomos buscam nas estrelas as respostas de como teria surgido a vida na Terra. No Peru, tivemos acesso a uma área restrita da famosa cidade "perdida" de Machu Picchu e conhecemos uma tribo de povos que vivem em ilhas flutuantes no lago Titicaca. No Equador, mergulhamos em uma reserva ambiental para ficar frente a frente com uma estátua de Jesus Cristo colocada no fundo do mar, além de conhecer o trabalho artesanal das mulheres que tecem o verdadeiro chapéu panamá (que, na realidade, surgiu lá), e seguimos dirigindo pelas perigosas estradas da Colômbia, passando por Medellín, cidade onde nasceu o maior traficante de drogas, Pablo Escobar, e Cartagena das Índias, principal porto de escoamento de ouro, prata e pedras preciosas das Américas para os cofres espanhóis na Europa. Isso tudo vivendo dentro do *motorhome* durante seis meses consecutivos.

Mais uma vez, entreguei o conteúdo para a emissora, que exibiu o programa nas manhãs de sábado e, mais tarde, essa expedição de *motorhome* se tornou um livro com dicas dos lugares pelos quais passamos e os bastidores da nossa grande aventura sobre rodas.

Engraçado: se eu não tivesse passado pela rescisão inesperada, talvez eu tivesse me acomodado com a zona de conforto profissional. Deixaria essas aventuras para a velhice quando estivesse, quem sabe, aposentado. Mas os ventos mudam de direção sem o nosso controle. Antes dos 30 anos, consegui encontrar um novo significado para a minha vida.

Depois de ter feito essas duas expedições — uma pelo céu, outra pela terra —, decidi que meu desafio seguinte seria o mar. E foi isso que me fez voltar os olhos para o Velho Mundo no Mediterrâneo e planejar comprar um veleiro na Europa. Eu só não esperava que o vento voltasse a rondar e que, dessa vez, o meu relacionamento é que iria naufragar. ▪

CAPÍTULO III
UM AMOR EM CADA PORTO

Minha mulher e eu trocamos poucas palavras enquanto aguardávamos na sala de espera. A sessão estava marcada para o primeiro horário daquela segunda-feira, pois, logo após o almoço, eu teria que pegar um voo para São Paulo, onde acontece, anualmente, a maior feira de barcos da América Latina. Enquanto esperávamos a terapeuta, meus pensamentos se dividiam entre a situação desconfortável que vivíamos e a importância do evento náutico que eu não poderia deixar de participar. Era muito importante fazer bons contatos para a minha próxima expedição, mas jamais teria passado pela minha cabeça que minha namorada, até então a mulher da minha vida, e eu, iríamos colocar um ponto final na nossa história. Muito menos imaginei que faríamos isso durante nosso encontro com a psicóloga, Vitória Bonaldi.

Entrei no avião com destino a São Paulo com o coração partido e ainda sem acreditar que tudo que eu tinha construído com minha ex-namorada se dissipara como nuvem soprada pelo vento. De nossa história, ficariam apenas as boas lembranças, mas nada poderia ser feito. Lembro que os minutos do voo que conectam a cidade maravilhosa à capital paulistana se arrastaram como se o mundo tivesse parado de girar e, apesar de ter total consciência do que eu vivia, nesses primeiros momentos, eu não consegui derramar nem mesmo uma lágrima.

Cheguei ao salão náutico e caminhei sozinho por entre os barcos de milhões de dólares, que são geralmente recepcionados por belas mulheres. No entanto, eu não tinha olhos para nada nem ninguém. O champanhe e a celebração dos participantes me causaram o efeito contrário ao proposto e assim eu me sentia como um peixe fora d'água. Era certo que eu não tinha condições de fazer nenhum tipo de contato ou qualquer outra coisa que eu programara para o dia. Em que eu teria errado? O que seria de mim? Como eu faria uma viagem tão importante sem minha companheira de aventuras? Completamente perdido, resolvi que não ficaria mais nem um minuto ali e que pegaria no mesmo dia um voo de volta ao Rio. Lá, me encontraria novamente com a terapeuta, a única pessoa que tinha presenciado os últimos acontecimentos.

Uma separação causa um trauma. Quando um relacionamento acaba, é como se tivéssemos perdido um ente querido. E era assim que eu me sentia, como se alguém dentro de mim tivesse morrido. Apesar de os dois ainda estarem aqui, o "nós" que criamos juntos havia ido embora. E só me restava seguir com meu luto.

Meu restabelecimento precisou de pelo menos mais de dez sessões com a Vitória até eu começar a enxergar novamente o meu norte. Nessa fase, precisei buscar algo em que me apoiar: recebi muito carinho familiar e de alguns amigos queridos, como Fábio, que esteve comigo desde que eu comecei a aprender os segredos da arte de velejar. Nos momentos tempestuosos, verdadeiros amigos são como faróis que nos guiam para um porto seguro ou águas mais calmas quando enfrentamos a neblina no mar.

***

Um mês antes da minha separação, véspera do dia 1º de setembro de 2017, eu ancorei na baía de Angra dos Reis em um veleiro chamado Futuro X, que aluguei para celebrar o dia do meu aniversário. Escolhi passar a virada dessa noite ao lado da ilha de Itanhangá, uma protegida praia na baía de Angra, que tem mais de 300 ilhas e ilhotes, formando um verdadeiro paraíso para os que gostam de navegar e ter contato com a natureza bruta da costa do estado do Rio de Janeiro. Aquele seria o primeiro aniversário que eu passaria sozinho. Na época, minha namorada e eu dávamos um tempo para que cada um pensasse na própria vida. Óbvio que eu estava extremamente contrariado: aquela ocasião deveria ser motivo de comemoração, e não de pesar. Mas o alívio emocional que eu esperava sentir só viria mesmo na manhã seguinte, quando eu pudesse velejar e me ocupar com a navegação até a Ilha Grande.

Para minimizar a solidão, convidei meu amigo Fábio para vir à Angra e embarcar comigo durante o final de semana. Pelo menos assim eu teria a companhia de alguém que me fosse querido e me quisesse bem. Afinal, Fábio sabia que eu vivia uma crise no meu relacionamento e fez questão de aceitar o convite para não me deixar abandonado. Fábio não sabia nada de barcos e nunca tinha entrado em um veleiro.

Essa não era a primeira vez que eu o intimava a embarcar em uma das minhas aventuras. Ali mesmo na região de Angra dos Reis, nós já tínhamos voado juntos, quando o convidei pela primeira vez, alguns anos antes, para decolarmos do Rio de Janeiro para almoçar na cidade de Ubatuba, no estado de São Paulo, em um voo de um pouco mais de uma hora de duração. Como eu gosto de instigar meu amigo com experiências novas, após ganharmos os céus sobre a baía de Angra, eu o estimulei para pilotar o avião. No fundo, sinto que Fábio se diverte com essas pequenas provocações que faço e, quando ele conta aos nossos outros amigos as histórias que experimentamos voando, até me faz acreditar que ele gosta dessas loucuras.

Como eu já estava fora da marina, combinamos então que o Fábio viria ao meu encontro em um barco auxiliar da Delta Yacht Charter, empresa de aluguel de barcos que estava me prestando serviço de locação naquele final de semana para que eu treinasse velejar em barcos de cruzeiro. O bote de apoio da empresa que fica à disposição na marina de Bracuí servia apenas para emergências, mas, naquele dia, eles fizeram uma concessão e autorizaram o marinheiro a trazer meu amigo até a ilha em que eu estava ancorado desde a noite anterior.

Fábio chegou sorridente, como sempre, e já estava com o celular na mão, registrando todos os detalhes da nova aventura que ele iria embarcar. Era uma alegria vê-lo depois da noite solitária e nem mesmo me importava que ele estivesse duas horas atrasado em relação ao horário combinado. Até porque ele se deslocou do Rio de Janeiro por mais de 90 quilômetros somente para me encontrar.

Tanto Fábio quanto eu estávamos empolgados pelo dia de navegação. Aquela também era a primeira vez que eu sairia com um barco ao mar, sem estar acompanhado dos meus instrutores de vela. Mas isso eu só contei ao Fábio quando ele chegou ao veleiro.

— Max, você sabe que o mar está de ressaca no Rio de Janeiro? — Fábio me perguntou preocupado com a previsão marítima, que não era das melhores.

— Claro que sei. Mas aqui no setor norte da Ilha Grande é mais protegido — demonstrei a máxima confiança para ele, sem deixar que a previsão do tempo me intimidasse.

Ledo engano achar que a brava ressaca que subia com as correntes do Atlântico Sul para a costa do Rio de Janeiro não iria influenciar a navegação na parte interna da baía de Angra. Os meteorologistas previam mares grandes e ventos fortes para o final de semana, apesar de não existir a possibilidade de chuva para os próximos dias. Mesmo com as condições adversas despontando no horizonte, eu não tinha desistido de alugar o veleiro para comemorar meu aniversário com estilo e continuar meu treinamento à vela, que seria importante para o próximo projeto. Acomodei a pequena mala que o Fábio trazia em uma das cabines, enquanto lhe explicava o funcionamento do veleiro e qual seria o roteiro de navegação. Ligamos o motor do barco, levantamos a âncora e lentamente nos afastamos da pequena ilha, meu refúgio na solidão.

— Fábio, pode reduzir o motor. Nós vamos subir as velas — dei o comando como se eu fosse um experiente capitão e, meu amigo, o competente imediato de um grande navio.

Subir os panos, como dizemos em um veleiro, é o momento mais sublime da navegação à vela. Sem qualquer barulho do motor, o barco se inclina delicadamente com o primeiro sopro a enfunar as velas e, de súbito, o faz deslizar sobre a água, que se transforma em uma esteira de espuma a ser deixada para trás. O deslocamento da embarcação é inevitável quando as velas estão bem caçadas e a satisfação que nós dois sentimos por não precisar de qualquer fonte de propulsão motora era como se estivéssemos traduzindo a física da natureza em poesia. Eu só não imaginava que teríamos posto panos demais para os ventos que sopravam cada vez mais fortes e que, por consequência, inclinavam o barco em um ângulo bastante desconfortável, em especial para alguém que experimentava pela primeira vez a navegação em um veleiro.

— Max, isso aqui é assim mesmo? Não tá muito inclinado este barco, não? — Fábio me perguntou enquanto se segurava onde podia.

Meu amigo sabia que eu tinha pouco conhecimento do mar e toda aquela atmosfera mágica que sentimos no início da navegação começava a ficar mais intensa com o barco sendo levado ao seu limite, tal qual um avião a forçar sua estrutura enquanto realiza uma acrobacia. Os fortes ventos e a ressaca do final de semana eram as primeiras grandes provas de fogo que eu teria que passar na minha recente "carreira" náutica. Mas era exatamente isso o que eu queria e precisava para me preparar para a próxima expedição que viria a fazer na Europa. Se você navegar só com bom tempo, nunca vai saber o que fazer quando a situação piorar. E, nesse dia, ela piorou.

Com as velas cheias, os cabos caçados e o barco adernando cada vez mais com o vento lateral, escutamos um barulho de pano rasgando. Imediatamente levantamos o olhar para o mastro, procurando a origem daquele som. Notamos que a genoa, vela que fica na parte da frente do veleiro e que dá estabilidade ao barco, estava, de fato, dividida em duas partes, ainda que presa pelos cabos. Precisávamos tomar uma atitude para não causar mais danos à embarcação e até mesmo evitar que o veleiro virasse com as rajadas de vento que nos faziam prender o ar nos pulmões. A primeira e mais urgente providência foi aproar o barco contra o vento e baixar todos os panos. Saltei de um lado para o outro do *cockpit*, peguei a manivela que estava guardada e recolhi as velas, caçando o cabo do enrolador. Como o barco não tinha piloto automático, pedi a Fábio que segurasse a roda do leme para manter o veleiro alinhado com o vento enquanto eu trabalhava os cabos. Evitei o olhar de espanto do meu amigo até conseguir controlar a situação.

— Max, a vela tá rasgada, o mar tá começando a ficar grande... Você não acha melhor a gente voltar? — me perguntou ele, com ar de quem não se divertia nada.

— Fábio, pode confiar. Nós só precisamos superar mais esse trecho estreito aqui na carta náutica e depois vai ser mar de almirante!

O fato de uma vela rasgar pode deixar qualquer velejador, no mínimo, envergonhado frente à sua tripulação. Mas a verdade é que, como esses barcos são utilizados para aluguel com frequência, o pano poderia já estar gasto com o tempo. E, na hora, considerei que não precisaríamos cancelar a velejada apenas por causa disso. Apesar das condições serem extremas, eu sabia que, quanto mais perto nos aproximássemos da Ilha Grande, mais calmos seriam os ventos e melhores seriam as condições do mar para navegarmos. Então, assegurei ao meu amigo que nós ainda tínhamos condições de seguir em frente mesmo contando só com a propulsão do motor. Entretanto, para chegar ao destino, precisaríamos passar por um canal, onde as ondas ganhariam ainda mais força com o afunilamento do fundo da baía. Essa é mais uma característica peculiar da Ilha Grande. Toda a beleza cênica da região de Angra dos Reis pode acabar por distrair a atenção dos menos experientes que não conhecem seus mistérios submersos. São lajes, ilhotes e pedras que, se não forem observadas na carta náutica com antecedência, podem levar a embarcação para o fundo do mar, como já aconteceu com outros navegadores no passado. Eu não queria virar estatística, mas estava consciente dos riscos que ali existiam. E, na vida, sempre haverá riscos. Por isso, não despreguei os olhos do GPS, que indicava os obstáculos à nossa frente e a profundidade de toda a região por onde passávamos. Como já era esperado, as ondas cresceram mais alguns metros nesse estreito canal e nos empurraram no sentido oposto ao nosso destino, ao passo que o motor do veleiro, agora com os panos recolhidos, lutava bravamente para nos dar seguimento. Foi uma luta física para o barco e um desafio emocional para nós, que sentíamos tocar na alma os solavancos que o veleiro dava ao bater contra as ondas. A cada centímetro que avançávamos, eu ficava mais tranquilo e tentava passar essa tranquilidade para Fábio. Enfim, conseguimos chegar à Lagoa Azul, uma das principais escolhas de quem veleja pela Ilha Grande.

Emocionalmente cansados, sentimos na pele a transpiração causada após um dia difícil no mar. Finalmente jogamos a âncora em uma praiazinha protegida, sentamos na borda do barco e comemoramos ter atravessado por aquele mar turbulento e desafiador, enquanto assistíamos ao pôr do sol no horizonte.

— Max, você não acha muita loucura sua comprar um veleiro na Europa e fazer uma viagem sozinho? Imagina quando você pegar condições piores que essas...

— Pois é. Mas eu só preciso de um pouco mais

de experiência. A navegação de hoje foi uma grande aula. Nós nos saímos bem. Você não acha?

— É... — ele respondeu sem muita confiança.

— Você vai ter que pagar pela vela que rasgou. — E caímos na risada.

Ao final do dia, me dei conta de que eu tinha esquecido por completo os problemas que passava em terra. Percebi que, independentemente do que fosse acontecer nas próximas semanas, eu deveria continuar firme no propósito de fazer a nova expedição, dessa vez pelo mar Mediterrâneo. Fábio foi testemunha da tristeza que eu senti naqueles dias e, novamente, demonstrou ser um ótimo amigo. Sua coragem por ter velejado comigo ou voado em meu monomotor só não é maior do que a generosidade que teve comigo nos meus dias de mau tempo. Por sorte, o balanço do barco não estragou o pequeno bolo que ele trouxe carinhosamente consigo para cantarmos parabéns pelos meus 32 anos de idade.

***

O mais irônico para mim é que, durante toda a minha vida, eu estive no controle das coisas que fiz e dos projetos que toquei. E por ser muito perfeccionista, eu não costumava deixar nada passar despercebido sem ao menos fazer uma análise dos problemas que poderiam aparecer a fim de evitá-los ou contorná-los de maneira a manter as coisas seguindo seu curso. No entanto, uma atitude que tomei por impulso também foi fundamental para eu conseguir me restabelecer emocionalmente após o trauma da separação.

A essa altura, já havia passado um mês do término do meu relacionamento. Como não conseguia dormir por muitas horas, por estar triste e preocupado com o meu futuro, despertei pelas quatro e meia da manhã com uma ideia estranha, muito determinada em minha mente. Já fazia algum tempo que eu estava pesquisando os caminhos para seguir o plano de realizar a nova expedição pelo mar. Comprar um veleiro na Europa seria a melhor maneira para isso acontecer.

Assim como tinha sido na navegação com Fábio, eu pensava que, na pior das hipóteses, eu estaria suficientemente ocupado com as dificuldades que fosse encontrar em águas europeias e deixaria de lado a tristeza da separação. Então, entrei na internet e, sem me questionar, comprei uma passagem para viajar à cidade de Barcelona. Eu nunca tinha ido para a Espanha, e me colocar em uma zona neutra de sentimentos parecia ser o ideal para refrescar as ideias e buscar um novo sentido para minha vida. Como se diz entre os velejadores: a gente não controla os ventos, mas é totalmente capaz de ajustar as velas e mudar o rumo em uma nova direção.

Ainda antes de partir para a Europa, já com os bilhetes comprados e tudo organizado, me encontrei de novo com a terapeuta para me despedir, contar sobre a novidade da viagem para a Espanha e pedir um pouco de orientação sobre como eu deveria seguir com a proposta de fazer a terceira expedição. Na verdade, eu queria mesmo saber se eu deveria arrumar uma nova namorada para ir comigo ou seguir sozinho.

— Max, eu acho que você tem que arrumar um amor em cada porto — ela respondeu, dando risada com a sugestão que talvez não fizesse parte da orientação terapêutica mais ortodoxa.

— Doutora, será que você pode me passar essa prescrição por escrito? Vai facilitar muito a minha vida pelos portos que eu visitar! — respondi entrando em sua brincadeira.

Eu só viria a entender no futuro que a conotação de "um amor em cada porto", como ela sugeriu, significaria uma nova descoberta pessoal a ser feita pelos lugares que eu passasse, antes mesmo de buscar uma nova companheira. Nesses "portos" eu deveria me encontrar, redescobrir a minha individualidade e objetivos pessoais. Despedi-me dela sentindo-me mais leve do que da primeira vez em que estivemos juntos, e viajei no final de semana seguinte. Com tantos sentimentos diferentes, embarquei no voo que me fez conhecer a Eileen. ▪

CAPÍTULO IV
TONY "LANGOSTA"

Acordei e percebi que tinha adormecido no sofá da sala do barco. Ora, eu gostaria de ter passado a primeira noite na cabine do capitão. Talvez eu tenha sido pego pelo cansaço do dia anterior, cheio de fortes emoções com a compra do veleiro. Com o sol batendo no meu rosto, me dei conta de que eu precisaria de cortinas, inclusive para evitar ser visto na intimidade de meu novo lar por quem estivesse do lado de fora.

O fato de eu ter comprado o barco e não ter voltado ao Brasil na data programada fez com que minha mãe ficasse preocupada comigo. Fiz questão de avisá-la que estava tudo certo e que ela não teria motivos para estar angustiada com a distância do filho. Ela deveria ficar preocupada quando eu soltasse as amarras da Eileen e fosse para o mar! Mas minha mãe nunca foi uma mulher muito convencional, aquele perfil de mãe igual a todas, que protege o filho a todo custo. Meu irmão Jean e eu crescemos enquanto ela passava a maior parte do tempo fora de casa, se dedicando à medicina. Ainda assim, sei que se esforçou e tentou se fazer presente em nossas vidas, participando de todas as nossas conquistas pessoais, valorizando o tempo que tinha disponível para nós. Foi por isso que sempre tive um relacionamento muito bom com ela em todos os momentos, estando ela perto ou longe. Não seria à toa que viríamos a dividir as mesmas paixões e afinidades por aventuras. Tanto ela quanto eu éramos os maiores incentivadores um do outro, quaisquer que fossem os sonhos. E eu sabia que ela iria me apoiar nesse novo projeto. Mas o que mais me surpreendeu foi vê-la, aos 60 anos de idade e já aposentada, se dedicar ao curso de piloto privado de aviões para que pudéssemos dividir a cabine de uma aeronave. Definitivamente, não é todo mundo que tem essa disposição, coragem e desprendimento, ainda mais na terceira idade. Mas seu maior mérito sempre foi ser um excelente exemplo para nossa família, seja no céu ou na terra. Então não foi difícil convencê-la a embarcar comigo por alguns dias em outra aventura, agora pelo mar. Apesar de enjoar em barcos, ela fez questão de ir comigo a Barcelona conhecer meu novo veleiro.

Retornei ao Brasil apenas para organizar minhas finanças com a gerente do meu banco e peguei novamente um voo para a Europa, dessa vez acompanhado da doutora Marcia, minha mãe.

— Max, como se chama mesmo o seu veleiro? — perguntou minha mãe quando pousávamos na Espanha.

— Eileen, mãe.

— Você sabe qual o significado desse nome?

— Não faço ideia. Mas assim que eu descobrir, eu te conto.

Minha mãe e eu chegamos a Barcelona em uma sexta-feira de novembro de 2017 e pegamos um metrô e um trem para a marina de El Masnou, colada à estação ferroviária. Eu não via a hora de mostrar os detalhes do meu veleiro à minha maior incentivadora. Para ela, esse universo náutico era completamente novo e ela queria entender como eu conseguiria viver a bordo sem passar necessidade. Coisa de mãe.

Embarcamos pela passarela de popa que dá acesso ao *cockpit* da Eileen e fomos direto para dentro do barco, pois, como era inverno, fazia frio do lado de fora. Descemos os três degraus da escada de acesso das cabines e percebi o discreto brilho em seus olhos ao conhecer minha nova garota.

— Nossa, Max! Que espaçoso!

Ela teve a impressão de entrar em uma casa, e não em um barco. O impacto positivo que a Eileen lhe causou foi imediato. Além da amplidão interna, o acabamento do meu veleiro era algo fora do comum. Nada de luxuoso, mas muito bem decorado.

Deixei as malas da minha mãe na sala de estar,

onde eu havia adormecido na primeira noite que passei a bordo, e continuei lhe apresentando cada detalhe da Eileen. Comecei por apontar o posto de navegação à boreste (lado direito) e fui seguindo com a visita guiada por todos os cantos. Um confortável sofá em L com almofadas azuis-marinhos, à esquerda, faz uma semivolta na mesa de jantar, que é dobrável e acomoda até seis pessoas. As grandes janelas por toda a volta do barco iluminam o ambiente por dentro com a luz do sol, que reflete nas paredes de madeira clara, ampliando o espaço.

— Mas você vai precisar de cortinas... Como é que vai ter privacidade assim? — questionou minha mãe.

— Eu sei, mãe. Já pensei nisso. Vou providenciar.

Descendo mais dois degraus sentido à proa (parte dianteira) do barco, mostrei-lhe a primeira cabine, à esquerda, com duas camas em beliche para receber hóspedes e outra cabine, maior, com cama de casal na frente. Entre esses dois quartos fica um primeiro banheiro, todo completo com ducha, vaso sanitário elétrico e pia, que pode ser utilizado também como lavabo para as visitas. A cozinha, no mesmo piso dos quartos, está localizada à meia-nau, em uma parte mais central da embarcação. Ela tem tamanho ideal para preparar as refeições diárias e vem equipada com fogão de três bocas, forno micro-ondas, geladeira e dois *freezers*, que podem armazenar suficientemente comida para uma família de até quatro pessoas por pelo menos umas quatro semanas a bordo. Na popa (seção traseira) fica a cabine do capitão, que é um espaçoso quarto com cama de casal, vários armários e um banheiro privativo que transforma o ambiente em uma distinta e isolada suíte, que, durante os dias de visita da minha mãe, eu cedi para ela.

— E como é que se faz para tomar banho, filho?

Expliquei que os tanques de água doce têm capacidade total de 700 litros que, no caso de apenas uma ou duas pessoas a bordo, podem durar até três ou quatro semanas seguidas sem reabastecimento, se não houver desperdício, é claro. O banho quente é possível por causa de uma caldeira que fica debaixo do assoalho e pode aquecer 40 litros de água com eletricidade ou com a troca de calor com o motor em funcionamento. Além de o veleiro ser muito confortável e ter sido superbem decorado com acessórios de bom gosto, todas as cabines possuem calefação elétrica para os dias mais frios e ar-condicionado, somente na sala, para dias de calor. Enquanto explicava tudo o que ela queria saber, liguei a calefação para ostentar uma temperatura mais agradável dentro do barco.

— Gostei de tudo, meu filho. Parabéns! Só acho que você tem que colocar logo umas cortinas aqui...

— Mãe, você já disse isso. Já entendi...

Nesse caso, minha mãe não é tão diferente das demais. Elas sempre repetem as coisas como se a gente não tivesse ouvido. Eu lhe garanti que, assim que eu me mudasse definitivamente para o barco, arranjaria as cortinas. Ainda durante sua estada comigo, saímos para velejar pela costa de Barcelona. Eu quis aproveitar a presença dela ao máximo. Fiquei muito feliz por minha mãe ter gostado da Eileen e por não ter enjoado durante os dias que passamos embarcados juntos.

***

A passagem aérea estava marcada para 15 de janeiro de 2018 e, nesse início de ano, eu me dedicava exclusivamente a preparar os últimos detalhes da mudança definitiva. Precisava organizar tudo no Brasil, pois não sabia quando voltaria. Antes de fechar meu apartamento no Rio de Janeiro, enviei a maior parte dos meus pertences para um depósito, pois não fazia sentido carregar para a Europa os móveis e outras coisas pessoais que não poderia acomodar na Eileen. Assim, organizei minhas roupas e alguns livros em apenas duas malas grandes que me seriam úteis na viagem. Ao olhar meu apartamento vazio, sem qualquer referência do passado que ali eu havia vivido, senti que era o fim de um ciclo. E uma vez mais, entrei em um avião com destino à Europa.

Quando cheguei a Masnou, havia muitas coisas burocráticas para resolver, pois o barco deveria ser passado para o meu nome e, para isso acontecer, eu precisava tirar um código de cidadão espanhol que eu não tinha. Fui consultar uma despachante local, a Mari, que me explicou o passo a passo que eu deveria seguir para que ela pudesse fazer os trâmites de transferência da Eileen. Pela lista que ela me deu, tive a impressão de que eu ia participar de uma gincana, sempre com alguma pendência ou outra tarefa para solucionar. Tinha que abrir uma conta em um banco local, ir à delegacia de polícia solicitar o código de cidadão espanhol (como estrangeiro), reunir os meus documentos pessoais e os da Eileen com inúmeras cópias, autenticar os documentos...

— Max, você gostaria de rebatizar o barco ou o nome Eileen está bom para você? — me perguntou a despachante para iniciar a ficha do serviço em seu computador.

Eu não soube responder de imediato aquela pergunta. Eu sempre ouvi dizer que a personalidade do barco está intimamente relacionada com o nome pintado no seu casco. Geralmente o primeiro proprietário, aquele que encomenda o veleiro ao estaleiro, escolhe um nome que representa algo especial para si. Pode ser a combinação de duas ou três palavras, um apelido de infância, um jogo de letras, o nome de alguma mulher amada ou qualquer outra coisa que o dono queira. Não é uma regra, mas é tradição que nomes de mulheres sejam dados às embarcações, que passam a ser tratadas no feminino. Apesar de ser possível trocar o nome, os mais supersticiosos não recomendam alterá-lo depois do batismo, pois, segundo a lenda, isso pode trazer má sorte para o capitão. Ainda que estivesse curioso para saber quem teria sido a Eileen para o antigo proprietário, não consegui lhe perguntar no momento em que fechamos a compra.

— Mari, vamos fazer o seguinte: assim que eu descobrir o significado de Eileen, eu te dou uma resposta quanto ao nome.

Além das questões da transferência, eu tinha deixado pendentes alguns serviços que precisavam ser feitos no barco. Enquanto estive fora, o meu veleiro permaneceu aos cuidados de uma empresa de reparos e manutenções na marina de El Masnou, que cuidou dos consertos que precisavam ser feitos. Como tinha solicitado que trocassem algumas peças, fui conferindo item por item até que eu percebi que alguém me olhava pelas janelas, ainda sem cortinas.

— Olá! Bom dia! — acenava um senhor de cabelos brancos com um sorriso no rosto, montado em uma bicicleta.

Eu não esperava nenhuma visita naquela manhã e imaginei que poderia ser algum vizinho desejando me conhecer. Na marina de Masnou, devia ter pelo menos umas 5 ou 6 pessoas vivendo embarcadas como eu. É muito interessante perceber que o ambiente náutico se transforma em uma segregada comunidade de pessoas com o mesmo ideal de vida, mas que podem ter tido uma trajetória distinta até a decisão de morar em um barco. Aquele que tomava a liberdade de vir falar comigo pela manhã era o António, ou Tony, como ele mesmo se apresentava.

— Olá, amigo. Tudo bem? — desembarquei para cumprimentá-lo com um aperto de mãos.
— Sim. Muito obrigado. Sou seu vizinho do último píer. Vi que você comprou a Eileen. Gostaria de desejar felicidades com a nova aquisição. Quando tiver um tempo, passe no meu veleiro para bebermos uma cerveja.

Eu estava cheio de coisas para fazer pelos próximos dias, mas aceitei o convite com gosto e disse que, no final de semana, eu o procuraria. Aproveitei a inesperada visita para perguntar se ele poderia me indicar alguém que trabalhasse com panos para cortinas de barcos e que fosse caprichoso. Ele não hesitou em recomendar a oficina do David, que ficava a menos de 100 metros de onde eu estava atracado. Nos despedimos e fui até a loja de letreiro azul e branco que ostentava fotos de belos veleiros de regata na fachada e por todo o seu interior. O próprio David me recebeu e pediu à sua secretária que tomasse os meus dados para me enviar um orçamento do serviço. Enquanto eu passava as informações, perguntei ao David se tinha algum motivo especial para tantas fotos de veleiros de regatas — diferente da Eileen, um veleiro de cruzeiro.

— Sim. Aqui nós fazemos as velas dos barcos de regatas e participamos dos campeonatos. Você gosta de regatas?

— Gosto. Na verdade, eu só participei de uma única regata que aconteceu na Baía de Guanabara, no Rio de Janeiro, no ano passado.

— Aqui acontecem treinos e regatas quase todos os finais de semana. Se você quiser, nós iremos sair com nosso barco e podemos acomodar mais um tripulante.

— Mas é claro que eu quero!

Era óbvio que eu aceitaria o convite. Seria uma boa oportunidade para eu conhecer outras pessoas do mundo da vela na região de Barcelona. Terminei por deixar meus dados e a secretária disse que ia enviar alguém para tirar as medidas das janelas o quanto antes. Assegurei a David que, no sábado, estaríamos juntos para a regata e me despedi.

— Ah, Max — David me chamou à porta, antes de eu sair —, você vai gostar do nome do veleiro que vamos correr. Ele se chama Máximo!

Nesse meio tempo até o final de semana, consegui resolver todas as burocracias quanto à transferência da Eileen para minha propriedade, mas não consegui chegar a uma conclusão quanto ao nome do meu veleiro. Como eu precisava definir isso para o documento final, me restou então pesquisar na internet e descobrir a etimologia de "Eileen". Como havia prometido à minha mãe, liguei imediatamente para lhe contar sobre a minha descoberta:

— Mãe, Eileen significa "reluzente" ou "a resplandecente".
— É perfeito, Max!

Aprovei o nome e o mantive, pois soube, ali, que Eileen me traria dias brilhantes.

***

Eu havia combinado de me encontrar com David às 9h da manhã do sábado, no píer da marina de Masnou, onde o Máximo estava atracado. Como do interior do meu veleiro eu podia ver o barco do outro lado da água, aguardei feito uma criança tímida o restante da tripulação chegar. Assim que todos estavam reunidos, apareci e fui recebido pelos demais com sorrisos e boa energia. O barco de 39 pés de comprimento (cerca de 11 metros) pertencia a um simpático casal e a timoneira era a proprietária. David me apresentou a todos e me explicou o circuito da regata enquanto soltávamos as amarras. Como ele era o mais experiente a bordo, sua função era coordenar o time composto por 12 pessoas. Ao contrário de mim, que não tinha conhecimento algum sobre aquele barco, tentei ajudar o quanto pude, servindo de um par de mãos extras para a tripulação. Os cabos passados, as gaiutas fechadas, os instrumentos de medição de velocidade e direção do vento conferidos, finalmente avançamos em direção à linha da largada naquela manhã de ventos moderados.

Com o baixar das bandeiras vindas do barco que organizava nossa saída, David nos pediu que nos preparássemos, pois a prova iria começar em alguns instantes. Na água, dezenas de velas brancas eram iluminadas pela luz do sol. De repente, sem saber quando seria lançado o disparo que marcaria o início da corrida, todos prendemos a respiração e, por um milésimo de segundo, o mundo parecia ter caído em profundo silêncio.

Um tiro de pistola disparado para o alto e o tempo começou a correr. Imediatamente as velas foram caçadas e o veleiro orçou no limite do vento, vencendo as ondas. Pela velocidade que ganhamos logo nesse início, percebi que conquistaríamos vantagem na competição. Mas, perto de nós, uma outra embarcação ameaçava tomar a dianteira. A tripulação de ambos os veleiros se esforçava para não deixar o ritmo cair.

Lutamos contra o relógio e contra nossas próprias limitações para chegarmos no melhor tempo à última boia que marca o fim da regata. Para manter o equilibro do Máximo, pelo menos seis tripulantes se sentavam ao lado contrário de onde o barco adernava, inclusive eu. A cada nova manobra mudávamos de lado e, com a retranca passando próximo às nossas cabeças, todo o cuidado era pouco.

Enquanto nos revezávamos em nossas posições em uma dança sincronizada, sentia o vento da liberdade em meu rosto. Máximo contornava a paisagem de El Masnou e deslizava firme em direção ao horizonte. Por fim, cada um dos demais veleiros foi deixado para trás. Ao meu redor somente a imensidão azul, sem qualquer obstáculo.

Ao final de toda aquela movimentação, cruzamos a linha de chegada com grande vantagem dos outros barcos. Ainda não tínhamos certeza do nosso tempo final, pois o resultado dependia de um cálculo matemático, mas estávamos confiantes de que tínhamos ganhado a prova, pois Máximo cruzou a linha muito antes dos demais veleiros. Uma gin tônica foi compartilhada por todos para comemorarmos o bom desempenho do time.

— Gostou da regata, Max? — me perguntou David.

— Muito! Cada manobra que fizemos, para mim, foi uma aula. É certo que estarei sozinho no meu veleiro, mas gostei de ver a dedicação de cada um a bordo.

Realmente, velejar sozinho é muito diferente de quando em um barco tripulado. Mas eu já sabia que dava conta de comandar a Eileen em solitário e, para qualquer destino que eu fosse, não teria a pressa de uma competição. Minha viagem seria guiada pelo mar e por meus sentimentos.

No regresso à marina, David me passou a roda de leme do Máximo e eu conduzi o barco até atracarmos na mesma posição que havíamos deixado quando soltamos as amarras. Eu não poderia ter experienciado uma manhã mais empolgante. Para agradecer ao convite do David e a recepção calorosa da equipe, os convidei para tomarmos uma cerveja em meu barco antes de todos irem aproveitar o final de semana que apenas começava. Foi a primeira vez que eu recebi tantas pessoas na minha nova casa. Assim, esvaziamos algumas latas e nos despedimos com a alegria do dia que havíamos compartilhado.

***

No mesmo final de semana da regata, fui ao encontro de meu vizinho de marina. O barco do Tony era o último em seu píer. Assim que cheguei, bati palmas e aguardei que ele viesse me receber para me convidar a subir a bordo. Tony escutava música instrumental espanhola, que era possível ser ouvida à distância, e apareceu do lado de fora vestindo um avental de cozinheiro, com uma taça de espumante em uma das mãos e uma colher na outra, sugerindo que já preparava o jantar.

— A proposta não era uma cerveja, Tony? — perguntei achando graça de seu estilo cômico.
— Hoje vamos de cava, Max.
— Permissão para embarcar — brinquei, fazendo reverência.
— Permissão concedida!

Tirei os sapatos como manda o bom costume em um barco e o segui para dentro de sua casa. O veleiro do Tony era um Jeanneau de 49 pés (cerca de 14 metros), muito novo e com acabamento interno bem moderno, diferente da minha Eileen. A "organizada" bagunça denunciava que ali vivia um homem solteiro, mas nada exagerado. Ao lado do fogão havia um belo exemplar de pernil de porca pata negra, um suíno ibérico criado especialmente para a iguaria, revelando o bom gosto daquele sujeito com ares de *bon vivant*. Mas o que me chamou a atenção foram o taco e as bolas de golfe colocados na estante.

— Me desculpa a indelicadeza, mas por que diabos você tem esse equipamento de golfe dentro do seu barco?! — perguntei sem conseguir disfarçar o riso.

— Nunca se sabe quando você vai receber uma visita que tenha como sonho bater umas bolas de golfe no meio do mar — me respondeu ele achando graça de si mesmo.

Tony abriu o congelador, sacou a garrafa de espumante já aberta, me serviu uma taça e tirou duas lagostas de dentro do *freezer*. Sem nenhuma cerimônia, ele alcançou uma faca do escorredor de talheres e deu um fim nos crustáceos, que não sentiram mais nada depois do golpe certeiro que os dividiu ao meio. A panela no fogão borbulhava a água com duas folhas de louro, sal e pimenta do reino. Por causa do cardápio escolhido, apelidei meu novo amigo de Tony "Langosta".

Todo o contexto da recepção do Tony me chamou a atenção e me deixou curioso para saber mais sobre aquele senhor de costumes e humor peculiares. De certa maneira, Tony também me inspirava a figura de um homem que estava realizado na vida por viver em um barco. No alto de seus 60 e poucos anos de idade, ele parecia passar os dias de maneira leve, aproveitando a aposentadoria com estilo e boa música. Com as lagostas cozidas, nos sentamos à mesa e iniciamos o jantar conversando sobre um pouco de tudo. Foi inevitável não o questionar sobre sua vida pessoal, e Tony acabou por revelar ter sido casado por muitos anos, mas teria se separado recentemente. "Grande coincidência", pensei.

Apesar de eu ainda lamentar minha separação, Tony exibia um ar de compreensão em relação à sua situação. Concluí que a maturidade o levava a ter um melhor entendimento do divórcio. No caso dele, a ex-esposa continuava morando no apartamento do casal, em um prédio ali próximo, ao alcance dos olhos. Refleti comigo que preferia estar longe e não ter que encarar a realidade tão de perto. Mas Tony disse ainda que era bobagem sofrer sobre o "espumante" derramado, que não devemos nos apegar ao outro com o sentimento de posse. Amores vêm e vão. Novas histórias se constroem e nada melhor como o tempo, boas safras de champanhe e algumas lagostas para fazer com que as feridas se curem... Achei muita graça dessa receita para superar a separação. Se iria funcionar ou não, Tony não me convenceu, mas que os dias teriam um sabor melhor, isso era certo.

Continuamos a jantar e a dar risadas ouvindo a boa música até altas horas, achando graça das nossas afinidades. Tínhamos muita coisa em comum, apesar da diferença de idade. Algo em Tony me inspirava a enxergar a vida de uma maneira mais otimista e prazerosa. Enfim, acabamos com todo seu estoque de espumante, e eu voltei caminhando para a Eileen concentrado em não tropeçar e cair na água.

No dia seguinte, aprovei o orçamento das cortinas e um rapaz foi ao meu barco iniciar o serviço. Não imaginei que o trabalho seria feito tão rapidamente, mas em menos de uma semana, tudo estava pronto. Então aguardei para soltar as amarras na manhã do dia seguinte. Queria iniciar a navegação pelo Mediterrâneo antes mesmo do nascer do sol para aproveitar a luz do dia nesse primeiro trecho da viagem.

Antes de partir, separei um exemplar do livro que escrevi sobre a expedição em que percorri as estradas da América do Sul e caminhei até o barco do Tony. Queria presenteá-lo com algo pessoal em agradecimento à companhia, amizade e às reflexões que ele me proporcionou no tempo em que estivemos juntos. Chegando próximo ao seu barco, percebi que as luzes internas estavam acesas, apesar de ser muito cedo. Com muito cuidado para que ele não me notasse, caso já estivesse desperto, entrei sorrateiramente. Não queria acordar meu amigo, então deixei o livro sobre a mesa na parte externa de seu barco. Sem fazer barulho, desembarquei e retornei para a Eileen, que já estava com o motor ligado e pronta para sair. Soltei os cabos que me mantiveram preso ao píer pelos dias que passei em El Masnou e fui saindo pelos canais da marina, somente com o céu rosa por testemunha. Nesse horário, o sol ainda não tinha nascido, mas a luminosidade da manhã indicava que seria uma bela alvorada.

Quando estava nos últimos metros para deixar as águas protegidas da marina, fui surpreendido por uma voz distante:

— Max! Boa viagem, amigo! Cuide-se! — gritou Tony no convés de seu barco com meu livro em uma das mãos.

Emocionei-me ao vê-lo abanando os braços em uma cena típica de final de filme ou início de uma aventura épica. Respondi ao chamado do Tony com uma palavra de agradecimento e acenei, dividido entre não o perder de vista e não bater em nada a minha frente. Com a partida de Masnou, eu fechava a primeira etapa do meu novo projeto e, a partir de então, estaria sozinho, buscando novas experiências em um horizonte desconhecido. ▪

CAPÍTULO V
MEDITERRÂNEO: MAR INTERIOR

Eu tinha pouca experiência quando decidi que pretendia comprar o veleiro na Europa e navegar pelo mar Mediterrâneo. Não tenho família com tradição na vela e muito menos nasci próximo à costa para ter tido uma infância junto ao mar como aquelas crianças crescidas acostumadas com o encanto da natureza no litoral. Eu nasci em São Paulo, no dia 01 de setembro de 1985, e fui criado no interior, na cidade de Jundiaí. Eu não nadava nem mesmo nas represas de água doce da cidade. E ainda que eu tenha praticado natação como esporte na juventude, eu não poderia dizer que fui um garoto fissurado por água e esportes náuticos. Nas poucas vezes que eu saía para pescar em alto-mar com amigos, geralmente eu ficava enjoado. Andei de moto aquática algumas vezes, mas confesso que até a força do motor na água e o deslocamento quase incontrolável dessas máquinas deslizando sobre as ondas sempre me foram meio hostis.

O gosto pelo mar e pela náutica veio com o tempo, especialmente depois que fui morar no Rio de Janeiro. As praias da Cidade Maravilhosa me fizeram me apaixonar pelo mar. Aos poucos, fui pegando o gosto pelas ondas, o sal na boca, o horizonte infinito. Divertia-me e aventurava-me com cuidado. Quanto mais explorava, mais mergulhava nesse universo. Assim passei a fazer os cursos necessários para obter as carteiras para conduzir embarcações, inclusive em águas internacionais.

Meu objetivo inicial era navegar pelo mar Mediterrâneo, mas acabei decidindo de última hora que eu iria até Portugal, no Oceano Atlântico. Eu tinha muita curiosidade de conhecer o berço dos grandes navegadores que, no passado, partiram de Lisboa para explorar o mundo. Mas para chegar lá, decidi que iria navegar por cabotagem, que é a navegação marítima entre portos sem perder a costa de vista. A distância entre Valência e Barcelona era o ideal para eu seguir nesse primeiro trecho.

Pelos cálculos que fiz, seriam umas 29 horas de navegação. Com essa estimativa, eu navegaria pela primeira vez sozinho durante a noite em toda a minha vida, mas isso não me inibia. O veleiro estava equipado com um sistema bem confiável de piloto automático e radar, que pode ser ajustado para alertar qualquer objeto ou tráfego à frente. Esse era um conforto necessário, já que eu velejava sem tripulação e teria que fazer turnos de descanso com o barco em pleno movimento.

Nas primeiras horas da travessia, passei mais

uma vez por toda a costa de Barcelona, observando as praias vazias por causa do inverno. Afastado no mar, naveguei ao largo do Port Olimpic, onde aconteceram as Olimpíadas de 1992. Avistei o tradicional bairro de Barceloneta, onde viviam os pescadores catalães, e passei próximo ao aeroporto internacional El Prat. De longe, ainda consegui rever a estátua de Cristóvão Colombo que, dessa vez, não me doeu a recordação do Novo Mundo.

Então, me sentei na proa do barco e, enquanto a Eileen seguia no piloto automático, tomei meu café da manhã, refletindo sobre como minhas decisões tinham sido tomadas tão depressa. Em menos de três meses, eu me transformara no capitão do meu próprio veleiro, navegando por águas europeias com toda a liberdade. De repente, senti um frio na barriga. Uma sensação de que eu poderia estar ousando demais com a pouca experiência que eu tinha. Dei-me conta de que não sabia o que me esperava. Procurei me concentrar em cada trecho da viagem, imaginar cada ancoragem e porto onde eu iria atracar. Como pode ser assustador se lançar ao desconhecido! Mas, contra a corrente desse raciocínio, procurei relembrar os ensinamentos que tive durante meu treinamento e isso, devagarinho, me trouxe de volta a confiança. Por mais que, no fim, nunca sabemos o que nos aguarda, estar preparado é o que faz com que possamos nos safar das situações adversas.

As horas foram passando no ritmo lento com que as ondas eram cortadas. Assim, o dia virou tarde e a tarde virou noite. Conferi no GPS e eu ainda estava na metade do caminho para Valência. Sentindo-me cansado, considerei parar em algum lugar para recuperar as energias e seguir viagem no dia seguinte. O problema é que não tinha nenhuma marina, porto ou píer nas proximidades onde eu pudesse aportar. Todas as opções estavam a pelo menos umas quatro horas de distância e, definitivamente, eu não aguentaria muito mais tempo acordado. Somente as luzes das cidades costeiras indicavam o limite entre a terra e o mar. Comecei então a esquadrinhar o horizonte com mais atenção para encontrar qualquer baiazinha ou enseada que fosse um pouco mais protegida. As águas calmas dessa noite refletiam o céu e me pareceu uma boa ideia lançar âncora sobre uma profundidade de 4 metros em uma pequena praia sem ondulação próximo a cidade de Tarragona. Um castelo de pedras — que julguei ser da era medieval pelas características de sua construção — no alto de uma ilha ao meu lado era a única referência que eu tinha com a civilização. Todo o contexto da minha partida e esse cenário idílico e histórico me encantaram. Já era hora de jantar, então preparei algo para comer e após me alimentar fiquei ainda um tempo contemplando o mar e as estrelas, minhas únicas companhias. Que delícia de primeiro dia de navegação! Cumpria uma primeira etapa da viagem sem nenhum estresse ou problema. A Eileen se comportou super bem e me levou até aquele ponto como uma verdadeira dama.

Incrível a sensação de tomar um banho quente no maior conforto que meu barco podia me proporcionar. Resolvi pegar um livro, mas não tive tempo nem de virar a primeira página, pois apaguei com o ninar de Eileen. Porém, três horas depois, o leve balanço das ondas que de início me confortou no sofá se tornou motivo de preocupação. Levantei assustado de madrugada, com medo do aumento das ondas que se intensificaram. O meu maior receio era o ferro ter soltado (garrado, como dizemos na náutica) e eu ser carregado com a ondulação até encalhar na praia. Espiei pela janela, confirmando que ainda permanecia no mesmo lugar. Com os olhos pregando de sono, monitorei um pouco mais a situação, até que decidi tentar dormir mesmo com o desconforto.

— Piiiiiiiii... — disparou, ininterruptamente, um alarme na cabine.

Acordei no mesmo instante em que o alarme tocou e, em um salto voluntário, já estava pronto para abandonar o barco caso estivesse naufragando. Mas que diabos era aquela sirene que tocava desesperadamente? Eu ainda não conhecia meu veleiro tão bem para identificar qualquer problema de imediato. Só podia ser alguma coisa na cabine. "Mas de onde vem esse barulho ensurdecedor?", pensei comigo. Debru-cei-me sobre o chão do barco e arrastei o ouvido até encontrar uma pequena caixinha branca colada ao pé da escada que desce para a cozinha. Era ela que soava feito um carro de bombeiros descendo uma ladeira em alta velocidade para apagar um incêndio. Mesmo morrendo de sono naquela caótica madrugada, abri o livro com os manuais do barco até achar uma folha solta no fichário que explicava o que era a tal caixinha chorona: "Sistema de Alerta de Fumaça e Gás".

Esse tipo de equipamento, que só fui descobrir depois, é obrigatório nos barcos de bandeira espa-nhola. Ele serve de alerta para quem vive embarcado e avisa se houver um vazamento inesperado de gás. Verifiquei se, por acaso, eu havia deixado o fogão ligado depois de ter cozinhado o jantar, mas estava tudo fechado como deveria ser, e não havia nada de cheiro de gás ou fumaça pelo ambiente... A única ex-plicação plausível seriam os solavancos causados pe-las ondulações, que, de alguma maneira, permitiram um vazamento de gás imperceptível ao meu olfato, mas suficiente para disparar o alarme.

Com medo de provocar uma explosão, apaguei as poucas luzes que eu havia acendido e fui tateando de joelhos na penumbra até voltar ao aparelho que me acordara. Busquei por um botão de *on* e *off* por to-dos os lados da caixa, mas sem poder enxergar muito bem o que eu fazia, acabei por desmontar a caixinha do tal alarme e, com a ajuda do meu canivete, cortei um dos fios que alimentavam o aparelho com energia. Só depois eu viria a descobrir que dentro da geringonça tem um botão de *reset* específico para parar o alarme. Com o barulho ensurdecedor resolvido, mas ainda de joelhos no chão da cozinha, me pus a farejar o ambiente, de baixo para cima, atrás do possível vazamento de gás que colocaria minha casa a pique. Assegurei-me de verificar novamente o registro que alimentava o fogão embaixo da pia e tomei a perigosa decisão de acender o fogo. Estava com uma das mãos no acendedor e a outra no botão que libera o gás, quando pensei melhor e abri as janelas para que qualquer fluido de gás saísse antes que eu explodisse tudo. Esperei cinco minutos e então, segurando a respiração, girei o botão do gás. O fogão acendeu e eu ainda estava vivo. Graças a Deus.

Depois dessa trabalhosa tarefa, fechei de novo o registro do gás e, sem descobrir o que de fato acionou o alarme, me sentei pensativo. O dia já estava amanhecendo e eu não conseguiria mais voltar para a cama com o balanço do barco. Resolvi me preparar para sair dali. Agasalhei-me, pois fazia 6 graus lá fora, recolhi a âncora e parti silencioso antes mesmo de o sol raiar. Durante a navegação, reconectei o fio cortado do alarme de gás. Sem ter nenhuma resposta sobre o problema da noite anterior, monitorei para ver se o bendito aparelho voltaria a soar, mas nada fez com que ele disparasse mais uma vez. Pensei: e se o que aconteceu teria sido apenas um sinal para que eu saísse do local em que havia ancorado? Durante a madrugada, as ondas cresceram sem que eu atentasse para o perigo e, não fosse o apito, eu poderia ter sido levado por elas...

***

Faltavam apenas algumas horas para eu chegar a Valência. Com a chegada da noite e um lindo firmamento no horizonte, eu já podia avistar as luzes do meu destino ao longe. Eram só algumas poucas milhas. Tudo o que eu mais desejava era aportar depois de mais de quinze horas no mar. Distrai-me admirando a lua que nasceu dentro da água, e, quando percebi, o vento, que até então estava gentil, começou a soprar mais forte. Atualizei meu celular com a previsão meteorológica para as horas seguintes e descobri que os ventos iriam virar de leste para norte, com intensidade superior aos 25 nós e com rajadas de até 32 nós. Era o momento exato para rizar as velas, ou seja, diminuir a área vélica para que o barco não adernasse tanto e não forçasse a estrutura do mastro.

Vesti meu colete salva-vidas para caminhar no convés e comecei a separar os cabos para baixar os panos. Foi no instante em que a vela grande começou a enrolar no mastro que eu ouvi um forte estalo e o disparar da catraca elétrica correndo livre da tensão do cabo do enrolador. O barulho que a vela fazia ao bater no mastro com o pano solto, de um lado para o outro, me indicava que algo tinha se rompido. Na minha mão direita só restava a ponta do cabo estourado e a dúvida do que eu faria com aquilo para resolver o problema. Frustrado, sem nunca ter passado por aquela situação, pensei que, se eu não conseguisse recolher a vela, seria impossível entrar na marina de Valência com os ventos fortes. Eu tinha que encontrar a ponta que ainda estava presa ao enrolador e, de alguma maneira, caçar o cabo rapidamente.

Acionei o motor para ter um leve seguimento com o barco, que navegava à mercê das ondas, e acendi a luz de serviço para iluminar o *deck*. Conectei-me novamente na linha de vida, que corre de ponta a ponta do barco e que serve para me manter preso ao veleiro no caso de um escorregão, e caminhei cauteloso pela borda de barlavento em um gingado que combinasse com o balanço do mar até chegar à base do mastro. Eu me segurava onde podia e evitava pensar no frio e na aterrorizante possibilidade de cair no mar escuro. Resolvi me arrastar nos últimos metros que me separavam do mastro até me sentir seguro para me sentar. Uma forte onda bateu no casco e respingou água suficiente para dar aquela resfriada inesperada na minha espinha dorsal. "Ah! Que geladinho gosto", pensei ironicamente comigo. Encontrei a ponta do cabo vermelho que tinha se partido e segui recolhendo o que restou daquilo que eu precisava para enrolar a vela. Demorei uns cinco minutos avaliando as condições daquele cabo e a única solução foi usar uma das catracas manuais na base do mastro para caçar o enrolador. Acomodei-me debaixo da retranca e comecei a fechar a vela que se debatia ao ser engolida no corpo do mastro. Tinha certeza de que aquilo não ficaria bem, pois o pano estava todo dobrado e por vezes até travava ao ser recolhido sem que o barco estivesse aproado com vento.

Com a situação controlada, desliguei o piloto automático e assumi o leme para entrar na marina de Valência. Já eram dez da noite e não havia movimento de nenhuma outra embarcação dentro da área protegida do Clube Náutico de Valência. Chamei o marinheiro de plantão pelo rádio e solicitei uma vaga para passar uma noite atracado. Quando lancei os cabos para o píer e o marinheiro responsável pelos serviços da noite me amarrou, senti um tremendo alívio por estar novamente em um porto seguro e com o barco sem outras avarias. Todo o esforço daquelas últimas horas de navegação esgotou a minha energia física e emocional. Sentei-me no píer e olhei para a Eileen flutuando sobre a água escura. Que aventura era essa que eu tinha passado... Eu podia ter caído no mar, podia ter escorregado e batido a cabeça. Sem muito tempo para me lamentar, fui informado pelo marinheiro que eu precisava ir até o escritório da marina para dar a entrada nos documentos do barco. Peguei meu passaporte e os papéis da Eileen e acompanhei o senhor que me aguardava com um carrinho de golfe. Depois de ter feito todos os trâmites da chegada, fui me deitar sabendo que no dia seguinte eu teria que comprar um cabo novo e desenrolar a vela que foi "mastigada" de qualquer jeito para dentro do mastro.

Depois de ter perdido o dia inteiro para desenrolar a vela e trocar o cabo partido, precisei pernoitar por mais um dia em Valência, o que me fez revisitar a cidade que eu já havia explorado com o *motorhome* quando ainda buscava um veleiro. Mas eu não queria perder muito tempo ali, porque minha viagem para Portugal era longa e eu ainda tinha aproximadamente 800 milhas náuticas (1.300 quilômetros) pela frente. Com o problema resolvido e um cabo novo instalado, preparei o barco para sair. Nesse novo trecho da viagem, passei por Dênia, Cartagena, São José e outras remotas vilas de pescadores de que eu jamais tinha ouvido falar. Em cada uma dessas paradas, não tardei mais do que doze horas. Geralmente, eu chegava à noite e soltava as amarras logo nas primeiras horas da manhã, com o nascer do sol.

***

O mar Mediterrâneo é uma das regiões mais lindas para se navegar. A paisagem na costa sul da Espanha é árida e a água é de um azul marinho hipnotizante. Navegar por ali me remeteu às histórias que eu havia lido sobre as batalhas e cruzadas que aconteceram entre os reinos cristãos e o Império Otomano. Homens liderados por reis europeus contra piratas como o Barbarossa e outros navegadores que, no passado, tingiram a transparência do mar com o sangue de seus opositores. Um vermelho de sofrimento que deixou muitas marcas pelas cidades costeiras e muitas das ilhas. Mergulhado nessas reflexões históricas, eu me aproximava da África com o barco e com a mente. De fato, o continente africano está muito próximo da costa espanhola nessa região e, apesar de não poder avistar o deserto do Saara, eu podia sentir e tocar a poeira encarnada que é carregada com os fortes ventos do Sul. Precisei, por mais de uma vez, lavar o barco nos portos onde parei para remover esses leves grãos de areia fina que se depositavam no convés.

Observando o horizonte por horas, eu me distraía com os pensamentos que navegavam no ritmo das ondas e me transportavam tão longe quanto o meu barco é capaz de ir. Se não fosse uma adriça, cabo que sobe as velas, a bater no mastro do veleiro, talvez eu não tivesse voltado à realidade em um dos momentos mais sublimes desse trecho da viagem.

Quando se está navegando, por vezes é preciso

ir à proa para ajustar a valuma da genoa ou para caçar um cabo folgado, como esse que parecia clamar insistentemente pela minha atenção. Pode parecer ingenuidade minha, mas tive a impressão de ter sido desperto dos meus pensamentos somente para poder acompanhar um grupo de golfinhos que se aproximava rapidamente do meu veleiro, tal qual uma flotilha de guerra em marcha de ataque. Cerca de vinte belíssimos animais saltavam da água e traçavam um ângulo preciso para me encontrar 50 metros à frente. Parecia que eles tinham calculado a velocidade do barco e o sentido exato que eu navegava para se aproximarem e me presentear com tamanha formosura. Sentei-me bem no extremo da proa e, com os meus pés e mãos a quase tocá-los na água transparente, eu gritava como se fosse uma criança que nunca tinha visto nada tão lindo em toda a natureza. Parecia que eles estavam ali para me desejar bom dia e boa viagem, em um encontro que não durou mais de quinze minutos, mas foi o suficiente para alegrar minha manhã.

O mundo me parecia tão vibrante e, ao mesmo tempo, tão antigo! Há séculos, o homem atravessa o Mediterrâneo, berço da civilização Ocidental. Dele, surgiram histórias, descobertas e inúmeras aventuras, que puderam ser relatadas e passadas adiante ou que, por força do destino, desapareceram com os que com ela sucumbiram. De repente, entendi que a vida pode ser resumida a uma gota no oceano, mas só quem conhece a profundidade do mar, sabe que a resposta não está na superfície.

Nesse momento, eu já estava na metade do caminho entre Alicante e Almería. Entre uma soneca e outra, o silêncio e a monotonia do balanço do barco, levemente adernado, eram quebrados pela comunicação feita via rádio VHF, que eu constantemente monitorava. Em geral não dou muita importância ao que é falado no canal 16, pois as mensagens trocadas quase sempre não são direcionadas às pequenas embarcações nem aos veleiros de cruzeiro que se deslocam anônimos pelo mar. Claro que, perto dos portos, essa comunicação aumenta, especialmente entre os agentes portuários e os grandes navios de contêineres que chegam sempre imponentes de toda a parte do mundo. O diálogo técnico entre esses navios e os controladores acabava se tornando um passatempo bastante curioso que me fazia imaginar quem seriam esses homens a dividir o Mediterrâneo comigo. Mas, nesse dia de mar calmo, a corriqueira comunicação foi interrompida e a mensagem transmitida estava precedida por um código internacional de atenção:

— *Securitè. Securitè. Securitè.* Informação às embarcações navegando pela região de Almería. Um barco com refugiados vindos do norte da África foi avistado nas proximidades. A bordo estão aproximadamente 80 pessoas.

A informação se repetiria pelo menos mais duas vezes nos alto-falantes do meu veleiro, e o alerta indicava que todos os navegantes na região ficassem atentos à pequena embarcação clandestina. Se alguém tivesse contato visual com o barco de refugiados, o reportasse às autoridades pelo canal 72. Então dei um salto para a parte externa do veleiro e, com o auxílio de binóculos apontados para o firmamento a bombordo (na direção dos ventos africanos), vasculhei a linha do horizonte pelos 180 graus que vão da proa à popa da Eileen.

A questão dos refugiados, àquela altura, era algo muito sério e preocupante por todo o Mediterrâneo. Países como Espanha, Portugal, Itália e Grécia são as principais portas de entrada de árabes e povos africanos que deixam seus países migrando para a Europa. Os jornais noticiavam frequentemente a chegada desses pobres seres humanos que ao se lançarem ao mar, em geral em barcos completamente despreparados para a travessia entre os continentes, buscam apoio humanitário e uma vida distante das desigualdades sociais ou da guerra civil na terra natal. Pela minha cabeça só imaginava como seria esse encontro, caso a embarcação clandestina aparecesse no meu caminho. Já tinha ouvido histórias de navegadores que se dispuseram a ajudar os refugiados e tiveram seus barcos destruídos pelo desespero das famílias à deriva, jogando-se às dezenas a bordo da embarcação auxiliadora. Dividido entre a consciência humanitária, a obrigação de prestar socorro e a preocupação com a minha segurança, rezei para que eles fossem encontrados pelas autoridades responsáveis. Não tardou mais do que 48 horas, segundo a imprensa espanhola, para que a Guarda Costeira da Espanha localizasse o grupo e realizasse o resgate dos 85 refugiados, sendo que três deles chegaram à terra já sem vida. Triste realidade essa que já aconteceu tantas vezes num mar tão lindo. Segui viagem tentando acreditar que os sobreviventes teriam melhores oportunidades no futuro que lhes aguardava, habitando o outro lado desse mundo dividido.

Com toda essa preocupação nas horas que se passaram, mal tive tempo para descansar quando anoiteceu mais uma vez. E, mais uma vez, a lua no céu iluminava o meu caminho. Os ventos agora eram fracos e mal podiam encher as velas para me ajudar a navegar até a cidade de Málaga, meu próximo destino. Eu estimava chegar à noite, mas isso não seria um problema, pois já estava acostumado a aportar sob a luz da lua. De fato, navegar próximo da costa durante a noite nos coloca em estado de alerta constante, pois fica mais difícil enxergar os rochedos, as boias de pesca e mesmo outras embarcações menores, que, em diversos casos, transitam apagadas sem as luzes de navegação para orientar os demais navegadores. O que eu não esperava era ter de enfrentar mais um problema.

Com os panos devidamente recolhidos, liguei o motor e iniciei a navegação assistida pela propulsão da hélice, ou, como dizemos, a "vela de aço". Málaga, que foi fundada pelos Fenícios em 800 a.C. sob o nome de "Malaka", estava a apenas 50 minutos de mim e eu já imaginava minha entrada triunfante nessa importante cidade que, ao longo dos séculos, foi tomada pelos gregos e, depois, foi usada como passagem estratégica pelos romanos. Eu também já havia conhecido a cidade durante a viagem de *motorhome*, mas chegar pelo mar tinha uma conotação mais mágica e singular. Com o constante deslocar do barco na água escura, comecei a preparar as defensas, que ainda repousavam sobre o *deck*. Caminhei até a proa, conferindo os nós das boias de proteção do costado de ambos os bordos quando percebi o barco, involuntariamente, diminuir a velocidade. Achei aquilo estranho e ponderei que talvez eu tivesse passado por cima de alguma rede de pesca, o que poderia ter feito com que eu desacelerasse. Mas, dessa vez, seria o próprio motor, tão fundamental para qualquer aproximação segura em um porto, que viria a me testar e sugerir um novo desafio, demonstrando que, no mar, a experiência é que forja o marinheiro.

Quando voltei da proa do barco para o *cockpit*, notei uma leve perda de potência, indicada pelo marcador de rotação que continuava a cair lentamente diante dos meus olhos. A confirmação de que alguma coisa não ia bem com o motor se confirmou pelo som de enfraquecimento das máquinas e da contínua perda de velocidade do veleiro. Nessa noite fria de inverno, as águas estavam calmas. Sem velas e ainda sem entender o que acontecia, tentei aumentar a potência no manete que, mesmo no seu ponto máximo, não respondia ao meu comando. Coloquei a alavanca na posição de ponto morto, desengrenei o motor e bombeei o manete algumas vezes para frente com a intenção de abrir os bicos que injetam combustível no sistema propulsor. A cada 15 segundos que se passavam o motor demorava mais para responder até que, por conta própria, o seguimento do barco já não se fazia mais presente e a rotação não passava de 1.000 giros, que representam quase nada de força para deslocar as 16 toneladas da formosa Eileen.

As luzes de Málaga no horizonte ainda eram distantes e eu praticamente boiava com a calmaria e com os ventos quase imperceptíveis. Abri a genoa, mas, quase sem nenhum sopro de ar, eu demoraria muito para chegar ao destino apenas com o uso dos panos, ainda mais com a correnteza no sentido contrário. Sem poder dar sorte ao azar, resolvi avaliar as circunstâncias e os portos alternativos para atracar. Se eu aproveitasse a corrente contrária e retornasse pelo caminho já percorrido, encontraria algumas opções destacadas na carta náutica. Então voltei a olhar para a costa e a sinalização luminosa da entrada da marina de Caleta de Vélez me indicou o caminho a seguir. Somente com a genoa aberta, apontei a proa do barco no sentido oposto ao que eu estava navegando anteriormente. O que mais me preocupava não era a demora em chegar ao novo destino, mas sim não ter propulsão motora necessária para manobrar o barco na entrada do novo porto. E se eu precisasse desviar de qualquer ameaça que existisse no caminho? Também estaria vendido... Ansioso por querer achar uma solução, me antecipei e fiz contato via rádio para solicitar que alguém em Caleta me auxiliasse a atracar. Assim que confirmei meu tempo estimado de chegada, comecei a preparar os cabos que seriam lançados ao marinheiro de plantão.

— Porto de Caleta de Vélez, a embarcação Eileen está com problemas no motor e precisa de ajuda na chegada — avisei pelo rádio.

A Eileen se deslocava com menos de 1 nó de velocidade (pouco menos de 2 quilômetros por hora) sobre a água e, mesmo com a lentidão do barco, eu não tirava os olhos do horizonte com receio de colidir com algo à minha frente. Como aquela era uma região de pescadores, com certeza redes de pesca seriam armadilhas submersas, ainda mais navegando tão próximo da costa. Quatro boias com luzes amarelas indicavam o perímetro mais perigoso, onde certamente as redes teriam sido lançadas e deveriam ser evitadas a todo custo. Minha navegabilidade era baixa e, ainda que eu me esforçasse para desviar, poderia acabar sendo levado para cima delas pela correnteza. Preferi me distanciar ao máximo da área perigosa, mas, sem força motora, foi inevitável cruzar um canal estreito entre a praia e a zona de pesca.

Algumas pessoas que caminhavam sobre as pedras na entrada do porto me observavam enquanto eu corria à proa para jogar as defesas. Nesse momento, o barco estava no piloto automático e, terminado o trabalho com as defesas, rapidamente voltei para meu posto de comando. Com a roda de leme na ponta dos dedos e com a escota da genoa pronta para ser afrouxada assim que eu precisasse diminuir a pouca velocidade que tinha, ultrapassei a barreira de pedras que protege o porto do mar, seguindo com a brisa da noite até avistar o santo do marinheiro balançando os braços com uma lanterna em uma das mãos para me indicar o píer onde eu deveria atracar.

Faltava muito pouco para terminar aquela angustiante navegação e só passava pela minha cabeça a ideia de que eu não poderia cometer nenhum erro grosseiro dentro do porto. Pedi a Deus que me ajudasse e me protegesse na difícil manobra. Para alinhar o barco paralelamente ao local de atracagem, precisei me aproximar a 45 graus do cais, a ponto de tirar uma fina com o píer, que passou a poucos centímetros da minha proa. Como a minha aproximação foi um pouco acima da velocidade ideal, as defesas, que protegeriam o barco, rolaram para cima do convés, deixando o casco totalmente desprotegido. Apesar de ter feito tudo com a maior cautela, fui incapaz de evitar o brusco impacto quando, por fim, toquei a lateral do píer. De imediato lancei os cabos de amarração ao marinheiro, que ainda precisou se esforçar para segurar o veleiro praticamente em desgoverno até a total paragem.

— Muito obrigado, amigo. Se eu não tivesse você para me ajudar, eu com certeza teria batido em outros barcos aqui no porto — agradeci aliviado a Expedito, o marinheiro que gentilmente me havia auxiliado.

A colisão foi violenta, mas as marcas no casco da Eileen eram quase imperceptíveis na penumbra da noite. Depois de desembarcar e avaliar as consequências da minha chegada atrapalhada, me dei conta que Expedito é o nome do santo das causas justas e urgentes. Comentei com o marinheiro sobre essa coincidência, mas ele apenas riu, me desejou uma boa-noite e, apressadamente, desapareceu entre os outros barcos, me deixando sozinho. Apesar da tradição religiosa na Espanha ser o catolicismo, acho que Expedito não era tão devoto assim.

Na manhã seguinte, pude analisar melhor os

danos da chegada e identifiquei que a batida tinha provocado algumas marcas mais profundas no casco. Como o estrago era superficial e não apresentava perigo, resolvi me concentrar no motor. Tentei dar partida nas máquinas mais uma vez. Como havia passado algumas horas, pensei que, com o "descanso", o problema poderia ter sido revertido involuntariamente. Mas não foi o que aconteceu e, sem sucesso, precisei buscar ajuda de um mecânico especializado.

Uma vez que era sexta-feira e muitos estabelecimentos comerciais trabalhavam em ritmo mais lento, antecipando o recesso do final de semana, consegui apenas um senhor da oficina de barcos local para dar uma olhada no meu veleiro. O diagnóstico feito pelo profissional era de insuficiência na alimentação do combustível. Havia algo de errado com a indução de diesel para os bicos que não permitia que o motor desenvolvesse potência. Tiramos o filtro e percebemos que o seu interior estava completamente contaminado com uma espécie de lodo ou borra que se forma naturalmente por causa da presença de organismos vivos no combustível. Provavelmente os tanques estariam repletos desse material e deveriam ser limpos. Trocamos os filtros para ver o que aconteceria, mas o motor não dava sinais de funcionamento. Possivelmente a sujeira havia passado para a bomba de combustível, o que demandaria mais tempo. O diagnóstico e as tentativas que fizemos tomaram-nos quase o dia todo e, como já era fim do expediente, só teríamos um retorno na segunda-feira. Isso fez com que eu não tivesse escolha a não ser passar o final de semana por ali, e foi o que acabou acontecendo.

A despeito do contratempo, não foi nada ruim ficar em Caleta de Vélez durante o final de semana. Aproveitei para descansar da viagem até ali, ler e atualizar meu diário de bordo. Até um show de uma banda *cover* dos *Beatles* pude acompanhar enquanto comia uma tradicional *paella*, servida aos quilos em um barzinho na frente da marina. O final de semana acabou sendo mais divertido do que eu esperava, mas eu não queria perder mais tempo: logo cedo, na manhã da segunda-feira, retornei para a oficina e recomecei o trabalho. A bomba de combustível voltou para as mãos do mecânico apenas no início da tarde e, assim que chegou, ele e eu fomos reinstalá-la. Como sabíamos que os tanques do barco estavam sujos, fizemos uma adaptação com um galão extra portátil, que enchemos com diesel novo e livre de qualquer sujeira.

— Pode dar a partida, Max — o mecânico me orientou depois que a bomba já estava instalada.

Fiz uma primeira tentativa. Uma segunda... Na terceira, após um estalo e uma cortina de fumaça subindo da casa de máquinas, o motor funcionou.

— Essa fumaça é normal? — perguntei.

— Não é normal, não — ele me respondeu com um semblante desanimador. — Desliga e liga de novo.

Girei a chave novamente no contato e ouvimos apenas um estalo que parecia vir do motor de arranque.

— Max, acho que temos um novo problema.

O estresse causado no motor de arranque com as tentativas que fizemos para ligar as máquinas acabou por queimar a peça. A fumaça desprendida do motor era um sinal de que eu teria mais um desafio pela frente. Tentei girar novamente a chave e nada aconteceu, além do mesmo estalo que já havíamos ouvido. Sem que pudesse fazer algo mais, o mecânico se levantou com cara de poucos amigos e me disse que teríamos que tirar o motor de arranque e abri-lo para ver o que tinha acontecido. Quando o motor funcionou pela primeira vez, eu tinha ficado esperançoso de que poderia continuar a viagem. Porém, depois de confirmar que o motor de arranque havia queimado, minha chance de sair de Caleta de Vélez foi por água abaixo. Quando a gente cria expectativa sobre algo, tentamos, pelo nosso desejo, controlar o futuro. Entretanto, a vida é implacável e tem seus próprios planos para nós. Caberia a mim adaptar-me, mais uma vez.

A análise que fizemos indicava que eu teria duas

opções: a primeira seria tentar recondicionar as peças queimadas ou encomendar um novo motor de arranque que substituiria aquele. Acabei por ficar com a segunda opção, pois o prazo da retífica era longo demais, comparado com tempo de entrega da nova peça. De toda maneira, precisaria permanecer mais uma semana na cidade, até que o problema fosse solucionado.

O novo motor de arranque chegou cinco dias depois e, dessa vez, tudo correu bem com a instalação e com o funcionamento das máquinas. Eu paguei pelo serviço e agradeci a prontidão do mecânico em me ajudar. Mas, como os tanques ainda estavam sujos, resolvi manter o galão portátil como principal fonte de alimentação de combustível do veleiro para poder partir. Após dez dias parado, eu já não aguentava mais ficar naquela tranquila Caleta de Vélez, por isso resolvi que só abriria os tanques para limpá-los na minha próxima escala para Portugal. ▪

CAPÍTULO VI

AS COLUNAS DE HÉRCULES

Deixei Caleta de Vélez e resolvi seguir viagem com a gambiarra que bolei com o mecânico e que funcionava com as mangueiras de alimentação entrando em um pequeno galão portátil que possuía diesel novo, sem que passassem pelos tanques sujos do veleiro. Aquela solução tão bem elaborada me deixou satisfeito por permitir que eu seguisse para Portugal, sem perder mais tempo. Fiz um cálculo aproximado de quanto combustível eu precisaria nesse trecho e, além do galão extra, levei outro de 25 litros cheio de diesel. No total eu tinha comigo 50 litros de combustível, que julguei serem suficientes para chegar a Marbella, cidade turística e bem movimentada na costa da Espanha a, aproximadamente, nove horas de distância.

No dia seguinte, como não havia vento, precisei navegar assistido pelo motor por quase toda a viagem, o que fez com que os primeiros 25 litros acabassem após algumas horas. Um catamarã, também com as velas recolhidas por causa da ausência de vento, se deslocava lentamente a poucos metros ao meu lado.

Curioso para saber como andava o consumo dos outros 25 litros extras, desci para verificar o nível no galão improvisado e levei um susto: o tanque estava praticamente vazio! O consumo parecia ter sido muito maior do que eu havia calculado e agora eu estava prestes a ter uma pane seca. "Que vacilo meu não ter levado mais um galão com mais diesel!" Reduzi então a rotação do motor para 1.400 giros — o mínimo seria 1.000. Assim, esperava que o consumo diminuísse, aumentando meu alcance.

A cada minuto que se passava, eu ficava mais apreensivo com a situação. Eu navegava muito próximo da praia. No caso de o combustível esgotar, eu poderia ser lançado contra as pedras e talvez não tivesse a mesma sorte da semana anterior, quando consegui entrar na marina de Caleta de Vélez com a ajuda de uma brisa. Resolvi inclinar o tanque extra de maneira que o pouco combustível do fundo cobrisse a entrada da mangueira que sugava o líquido para o motor e passei a rezar para que desse tempo de chegar ao meu destino. Com a redução da potência, o catamarã que navegava próximo a mim avançou, levando consigo minha esperança de pedir ajuda, caso eu precisasse ser rebocado. Seria vergonhoso demais chamá-lo para me ajudar por falta de combustível, mas, ainda assim, seria melhor opção.

Entretanto, eu não conseguia parar de me culpar por ter negligenciado uma providência tão básica da navegação: levar diesel suficiente. Com o tanque extra quase no fim, passei pela boca de entrada da marina de Marbella. Fiz contato pelo rádio com o marinheiro e pedi para atracar diretamente no posto de combustíveis, a fim de evitar ficar à deriva com o risco de bater em outros barcos. Só depois de ter lançado os cabos ao marinheiro, eu relaxei. Prometi a mim mesmo que jamais me colocaria em uma situação semelhante e que, no próximo porto que tivesse uma boa estrutura de serviços de marinharia, eu abriria os tanques e limparia a sujeira que me causou todo o transtorno da última semana e meia. Às vezes, a gente só aprende na prática alguns ensinamentos tão básicos.

Deixei Marbella pela manhã do dia seguinte, depois de repor o combustível dos dois tanques que eu tinha e comprar mais um galão extra. A viagem até Gibraltar, meu próximo destino, seria menor, mas eu não queria passar por sufoco de novo. No total, levei comigo 75 litros de diesel para chegar ao estreito que conecta o Mediterrâneo ao oceano Atlântico.

***

Gibraltar era uma escala importante da minha navegação pela costa da Europa. Além de ser o divisor de águas entre o Mediterrâneo e o Atlântico, era o início de uma nova etapa para mim: navegar por mar aberto até Portugal. Os antigos navegadores acreditavam que o estreito teria sido aberto por Hércules, herói da mitologia grega, por isso batizaram o local de Colunas de Hércules por ostentar montanhas tanto do lado europeu quanto do africano. Esse "caminho" de água, com largura de 14 quilômetros no seu menor trecho entre os continentes, separa a África e a Europa e, por ser realmente tão estreito, evidencia ainda mais os contrastes entre esses dois mundos divididos: a desenvolvida e rica comunidade europeia e as nações africanas, ainda em desenvolvimento e com desigualdades sociais que tangenciam o desumano. Mesmo que os primeiros registros façam referência aos navegadores da distante Grécia, a mais forte presença na Península Ibérica foi a dos mouros, que habitaram a região por cerca de 800 anos até que, em 1462, a Espanha finalmente conseguiu expulsar os árabes e tomar Gibraltar — ou Gebel Tarik (a Pedra de Tarik em árabe) — para a coroa espanhola. Muitos anos depois, no século 18, foi a vez de a Inglaterra colocar os pés em Gibraltar e conquistar essa pontinha na Europa para o Reino Unido, do qual faz parte até hoje. Com o contínuo desenvolvimento dos países banhados pelo Mediterrâneo, o estreito de Gibraltar se tornou uma das regiões mais movimentadas do planeta. Diariamente centenas de navios de cruzeiro ou de carga atravessam as Colunas de Hércules, tornando a navegação dos veleiros — que por natureza são menores e mais lentos que a maioria dos outros barcos — um grande desafio que exige atenção e cuidados.

Navegando perto da costa de Gibraltar, já muito próximo do meu destino, me dei conta de que, para entrar em território britânico, eu teria que fazer a comunicação via rádio em inglês e não mais em espanhol, como havia me habituado nas últimas semanas, quando ainda velejava pela Espanha. Eu nunca tinha feito contato com uma marina em inglês e, apesar de falar a língua, eu precisaria saber palavras específicas e termos náuticos técnicos que eu desconhecia. Uma simples frase como "preciso de uma vaga para meu barco" ou solicitar auxílio para a atracagem e amarração na chegada eram expressões que eu não sabia. Porém, coincidência ou não, outro veleiro um pouco à minha frente se encaminhou para o mesmo destino que eu e fez contato com a marina antes de mim. Desci correndo à mesa de navegação, aumentei o volume do VHF e fiquei atento ao chamado da embarcação que tinha prioridade na fila de entrada da Ocean Village Marina, que fica exatamente na fronteira entre os dois países, Espanha e Inglaterra.

— *Ocean Village Marina. Ocean Village Marina. This is the sailing yacht Beatles.*
— *Proceed, Beatles.*
— *We need a berth for one night. The length of*

our sailboat is 39 feet, the beam is 3.7 meters and the draught is 1.8 meters. Can you send someone to help us to tie the boat?

— *Affirmative, Beatles. Over and out.*

Consegui ouvir com precisão as palavras que me faltavam para preencher o meu vocabulário em inglês e copiei exatamente as mesmas frases dos velejadores à minha frente, alterando apenas as informações das medidas para as dimensões do meu barco. Foi moleza. Ou, como se diz em inglês: *"like taking a candy from a baby"* ("como tirar doce de um bebê").

Ao final dessa comunicação inicial com a marina e depois de eu me sentir aliviado por ter logrado me fazer entender, escutei um forte apito vindo de fora do meu barco, que eu imediatamente identifiquei ser de uma outra embarcação. Corri novamente para o *cockpit* e dei de cara com um grande cargueiro azul, de bandeira coreana, a bombordo (esquerda) do meu veleiro. A alta proa do navio apontava na minha direção e era certo que sua intenção de seguir em frente colocaria nossos barcos em rota de colisão, caso eu não desviasse imediatamente o meu curso. Desacoplei o piloto automático para efetuar uma manobra à boreste (direita) e peguei o rádio de mão para tentar compreender quais seriam os próximos passos daquele navio. Pude entender pouco do que o comandante coreano dizia por conta do seu forte sotaque, mas ficou evidente que ele coordenava uma aproxi-mação com um outro cargueiro, de mesma naciona-lidade, ancorado nas proximidades. A operação de emparelhar as embarcações no meio do mar é uma manobra bastante delicada, que chamamos de con-trabordo. Por causa do tamanho e da pouca mano-brabilidade dos dois navios, eu era obrigado a ceder a preferência do mar para eles e, a certa distância, me restou apenas observar o leve toque do costado da-queles dois gigantes.

Sem que meu barco representasse perigo para a movimentação de qualquer outro ao meu redor, re-tornei ao meu rumo. Chamei mais uma vez a Ocean Village pelo rádio e avisei que eu já me encontrava no canal de entrada da marina, entre os píeres e a pista de pouso do aeroporto de Gibraltar, que incri-velmente situava-se a poucos metros de distância de mim. Os marinheiros pediram que eu aguardasse. Eles ainda se ocupavam com a amarração do veleiro *Beatles* que acabara de aportar. Assim fiquei flutuan-do por ali, enquanto observava a decolagem de um avião de linha aérea que corria na pista do aeroporto. Que privilégio poder ver de tão perto aquele pássaro de aço alçar voo.

Finalmente, fui autorizado a seguir para a mi-nha vaga na marina. Atraquei meu veleiro com ajuda do marinheiro inglês, que me deixou surpreso ao me cumprimentar em castelhano.

— Aqui em Gibraltar a maioria das pessoas fala inglês e espanhol — disse o marinheiro com certo divertimento ao me ver desacreditado.

**

É muito curioso conhecer um pedaço de terra que sempre figurou na minha imaginação por causa dos livros de história e geografia. O pequeno território ultramarino inglês, que dá o nome ao estreito de Gibraltar, foi um importante porto para as forças britânicas durante a Segunda Guerra Mundial, quando o confronto com a Alemanha nazista atingia o seu auge. Após a queda da França, em 1940, o Alto Comando alemão, capitaneado por Hitler, planejou uma ofensiva contra os ingleses, intitulada de Operação Félix, que envolvia a ocupação de Gibraltar e do norte da África, em um plano de promover a "limpeza do Mediterrâneo". A localização estratégica da entrada do Mediterrâneo era crucial para os navios da Marinha Britânica. A construção da pista de pouso, em 1939, reforçou a presença e soberania inglesa para receber os caças militares que faziam escala antes de seguirem para combater as tropas de Hitler na Europa. Apesar do passado bélico, atualmente o aeroporto é utilizado para fins comerciais e acabou virando ponto turístico na cidade por ser a divisão física entre a Espanha e Inglaterra na Península Ibérica. De um lado, fica Gibraltar; do outro, La Línea de la Concepción. Inúmeras pessoas transitam todos os dias entre a fronteira dos países vizinhos, respeitando as normativas migratórias. Uma cancela colocada em cada lateral da pista de pouso autoriza ou bloqueia a passagem dos carros e das pessoas que muitas vezes param no meio do caminho para registrar uma foto nesse ponto incomum. Para mim, que sempre fui fã de aviões, era impressionante acompanhar tão de perto o procedimento das aeronaves chegando e partindo. O fato é que foi cruzando a pista dos aviões que eu conheci, por acaso, James, que apesar do nome de agente secreto de filme inglês, era mecânico de barcos e morava na marina onde eu estava aportado. Como eu ainda tinha a sujeira dentro dos meus tanques de combustível, combinei com James de irmos ao meu barco para ver se ele podia me ajudar com a limpeza.

— Max, seus tanques não têm janelas de inspeção. Vai ser impossível acessar o lodo que se formou no diesel — disse James percebendo que a situação seria mais trabalhosa do que ele previa.

A cada problema que surgia, eu descobria um novo desafio a ser vencido. Barcos são complexos e, mesmo que você entenda muito sobre o tema, cada embarcação tem sua particularidade. Combinei com James que eu iria desmontar todo o chão do barco para que pudéssemos acessar os tanques e, assim, fazermos dois buracos que seriam selados depois para podermos limpar o que estivesse contaminando o combustível. James me deu o prazo de dois dias para voltar a me ver e eu comecei um minucioso trabalho de remoção de todas as tábuas do assoalho do salão da Eileen.

Aos poucos eu ia conhecendo ainda mais a estrutura da minha casa flutuante, acessando tubos, cabos e compartimentos escondidos que se camuflavam pela decoração. Entre uma pausa e outra, eu dava uma esticada até o bar da marina. Minha refeição no local era sempre um típico *fish and chips* acompanhado por uma *pint*. E foi assim que eu acabei por conhecer um casal de americanos que se tornariam amigos muito queridos: Wendy e Kevin desceram da Escócia com seu veleiro, um Oyster 485, de 49 pés de comprimento (cerca de 15 metros), muito semelhante ao meu barco, e fizeram uma parada estratégica em Gibraltar. Como eram estadunidenses, não podiam permanecer por mais de três meses no espaço *Schengen*, definido em convenção como território de livre circulação e comércio europeu. Em Gibraltar eles encontraram refúgio burocrático para se ausentar da União Europeia. Como os dois não tinham mais nada o que fazer senão esperar o tempo passar para irem para o próximo destino, frequentavam diariamente o Charlie's Bar, principal ponto de encontro dos velejadores que atracam na marina de Ocean Village. Nesse bar também tive a oportunidade de interagir mais com James, também habitual dos copos, e outras pessoas que se mostraram interessantes por viverem em contato com o mar e com os barcos. Gente que estava entrando ou saindo do Mediterrâneo para velejar por outras partes do mundo.

— Max, nós iremos passar um período velejando pelo Mediterrâneo e depois vamos cruzar o Atlântico para ir ao Caribe — Kevin me contou. — Seria legal se pudéssemos fazer a travessia oceânica com você!

— Seria um enorme prazer — respondi interessado, mas sabendo que meus planos talvez não combinassem com os deles.

Assim que terminei de desmontar meu barco por dentro para acessar os tanques, comuniquei a James. Este, por estar ocupado com outro trabalho, enviou seu amigo e colega de profissão, Harley, para adiantar o serviço. Nós dois trabalhamos por três dias seguidos furando, limpando e selando novamente os dois tanques, tanto o de boreste, quanto o de bombordo. Após o expediente de trabalho, o *happy hour* tinha endereço certo e todos nós nos encontrávamos novamente no Charlie's. A essa altura, Wendy, Kevin, Harley, James e eu nos tornamos amigos. Então, Harley, um neozelandês que vivia pela região há algum tempo, fez o convite para irmos jantar em um restaurante especializado em carnes, em La Línea, perto de onde ele morava. Muitas das pessoas que trabalham em Gibraltar optam por residir no lado espanhol, pois o custo de vida é muito mais barato do que no território inglês. Diferença essa que eu pude sentir todas as vezes em que precisei trocar os meus euros, utilizados em quase toda a Europa, por libras esterlinas marcadas com a cara da coroa Elizabeth II, a rainha da Inglaterra. Aliás, além da moeda local, as cabines telefônicas vermelhas, as ruas "invertidas" e os carros, que o motorista dirige sentado à direita, também remetem ao país de sua majestade, por obedecerem ao mesmo padrão do trânsito de mão inglesa, como nos países que são ou foram territórios britânicos pelo mundo.

De carona com Harley, fomos os 4 amigos até a "distante" Espanha, mas, como não achamos vaga para estacionar perto do restaurante que ele indicou, acabamos ensopados com uma forte chuva que marcava a mudança de tempo para os próximos dias. Se não fosse pelo delicioso churrasco espanhol que comemos, seria possível dizer que o encontro tinha ido por "água abaixo" por causa do banho forçado que tomamos antes e depois de comermos. Mas o "melhor" da noite ainda estava por vir. Depois de jantarmos, Harley nos deu uma carona de volta para Gibraltar. No caminho ele se descuidou e acabou batendo com o carro no meio-fio, avançando a calçada e quase causando um acidente maior. Pensei comigo que seria irônico morrer no trânsito depois de ter passado por perigos maiores navegando com meu barco no Mediterrâneo.

O susto fez com que qualquer sinal de embriaguez do neozelandês desaparecesse no mesmo instante. Com o casal de americanos desconcertados com a situação e com o Harley completamente perturbado com a batida, eu me prontifiquei de imediato a trocar o pneu antes que chamássemos a atenção de curiosos ou dos policiais que rondavam a fronteira continuamente. O agravante desse episódio foi ainda termos que empurrar o carro para que funcionasse no tranco, pois, enquanto colocávamos o *step*, Harley deixou os faróis acessos e a bateria arriou completamente. Que noite emocionante!

Passado esse acontecimento, Harley nos deixou na porta de imigração para Gibraltar e assim Kevin, Wendy e eu caminhamos para casa. Mais uma vez atravessamos a pé a pista de pouso do aeroporto, nos protegendo da forte chuva que insistia em cair. O clima começava a demonstrar mudanças severas na região. O noticiário alertava que a chuva daqueles dias se tornaria um problema maior por causa de um ciclone que havia se formado no Algarve, sul de Portugal, a 270 quilômetros de onde estávamos. Com a péssima previsão meteorológica, tive certeza de que seria impossível sair com meu barco de Gibraltar nas semanas seguintes. E, depois de três dias de tempo ruim, perdi a paciência com a chuva e com o vento que me impediam de desembarcar sem me molhar. A solução para todas as vezes que eu precisava deixar a Eileen era vestir minha roupa impermeável de velejar, que, quando eu voltava, inundava toda a sala. Comecei então a estudar mais detalhadamente os prognósticos meteorológicos e acabei por comprar uma passagem aérea para dar um pulo no Brasil e resolver algumas coisas pessoais. Meu apartamento no Rio de Janeiro estava fechado desde o início do ano. Como eu não pretendia voltar a morar em meu país pelos próximos meses, eu o colocaria para alugar. Amarrei bem a Eileen, me certificando de que ela não se soltaria com os fortes ventos esperados para os próximos dias. Pedi a Wendy e a Kevin que dessem uma olhada no meu barco durante a minha ausência.

Era a primeira vez que eu deixava meu veleiro sozinho em um porto, ainda mais com uma tempestade por vir. Cruzando outra vez a pista de pouso do aeroporto em Gibraltar, lembrei-me de como a aviação tinha sido importante para mim desde que eu iniciei os meus projetos de aventura. Uma vez mais de volta ao Brasil, eu iria tirar um tempo para voar e matar a saudade de estar novamente no controle de um avião monomotor. ■

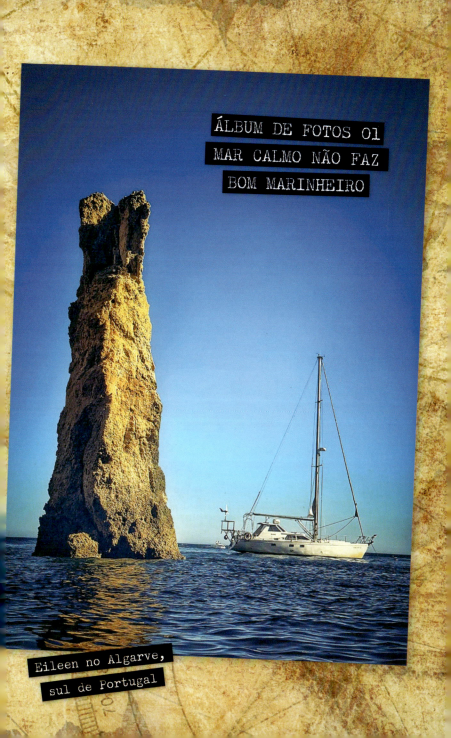

ÁLBUM DE FOTOS 01
MAR CALMO NÃO FAZ
BOM MARINHEIRO

Eileen no Algarve,
sul de Portugal

Na costa da Espanha
observando o horizonte

Longas horas de
navegação

Primeiras milhas náuticas no Mediterrâneo

Lindo pôr do sol próximo a Alicante

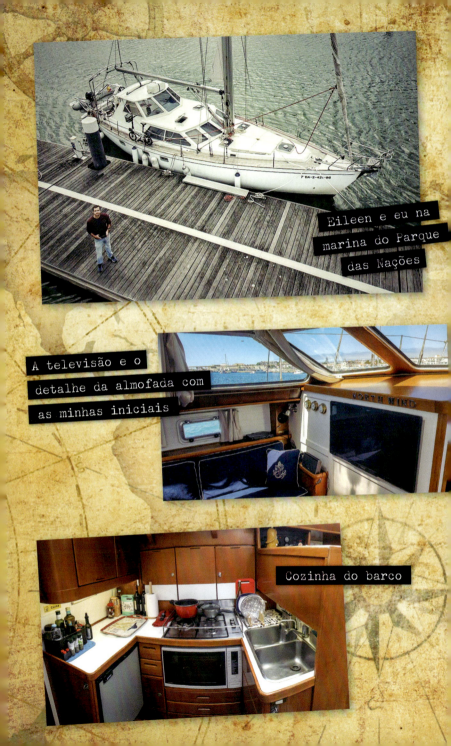

Eileen e eu na marina do Parque das Nações

A televisão e o detalhe da almofada com as minhas iniciais

Cozinha do barco

Interior do barco em noites de lua cheia

Sala de estar e a mesa de navegação

Velejando no
inverno europeu

Ao lado de uma
boia de salvatagem

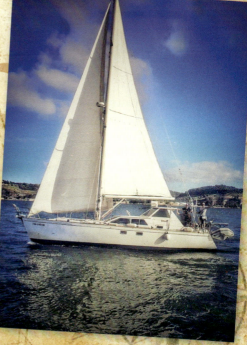

Navegando ao
sabor do vento

No topo do mastro em Valência
arrumando a vela

Navegando próximo à pedra de Gibraltar, conhecida como uma das colunas de Hércules

Atravessando o estreito

Farol Europa Point View

Kevin e Wendy, casal que conheci em Gibraltar

Torre de Belém em Lisboa, Portugal

Último trecho plotado no GPS entre Sagres e Lisboa

Veleiro de quatro mastros da Marinha Portuguesa passando ao meu lado no Cabo Espichel

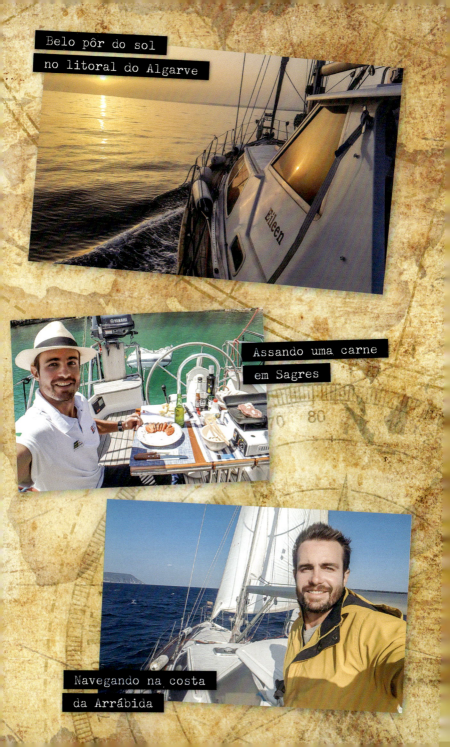

Belo pôr do sol
no litoral do Algarve

Assando uma carne
em Sagres

Navegando na costa
da Arrábida

Falésias na
costa do Algarve

Enseada baleeira em Sagres

Réplica de uma das
caravelas portuguesas

Ancorado na Praia dos Coelhos

Refeição
a bordo da Eileen

Torre de Belém

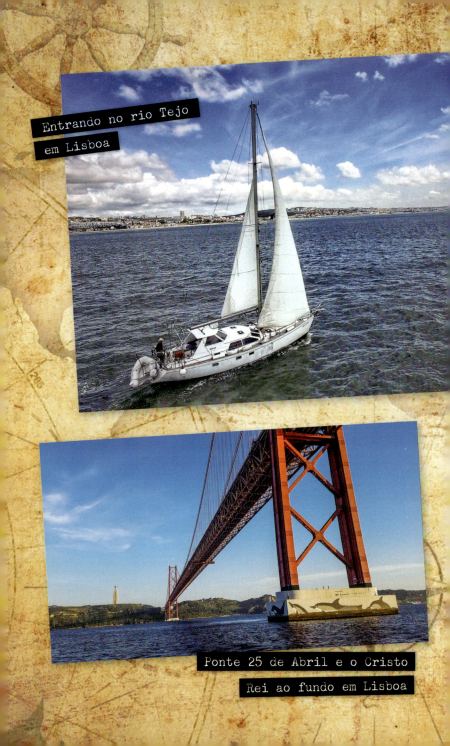

Entrando no rio Tejo em Lisboa

Ponte 25 de Abril e o Cristo Rei ao fundo em Lisboa

Bandeira pirata sobre a mesa de navegação

Eileen vista do alto

Nemo sobre meus livros
de aventura na biblioteca
do meu veleiro Eileen

Aponte a câmera do seu
celular para ver mais

CAPÍTULO VII

SÓ QUEM VOA ENTENDE PORQUE OS PÁSSAROS CANTAM

A pista de pouso tinha 40 centímetros de largura e aproximadamente 2 metros de comprimento. Diversos obstáculos representavam perigo para os aviões. Apesar da textura da superfície ser a de um carpete um pouco gasto, ela fazia muito bem com que o trem de pouso das aeronaves tivesse aderência suficiente para "grudar" no chão depois de o piloto realizar o tão esperado pouso "manteiga". Os passageiros embarcavam e desembarcavam no pequeno terminal, feito com uma caixa de fósforos, enquanto, por detrás de duas almofadas que me serviam de *cockpit*, eu conferia e ajustava três relógios velhos emprestados pela minha avó e mais um "radinho" de pilha, também quebrado, que simulavam os instrumentos de voo na minha lúdica cabine.

— Solicito autorização para ir até a pista. Câmbio — disse ao segurar uma caneca de alumínio que fazia um som abafado e metálico.

— Autorizado — respondeu meu avô, sem tirar os olhos do jornal das dez. — Cuidado só com a minha perna, meu neto — concluiu ele.

Com a autorização para taxiar até a pista concedida pela "torre de controle" e com a orientação de curvar à direita logo após a decolagem para desviar da perna do meu avô que se sentava próximo à cabeceira oposta de onde eu estava, alinhei com a proa de decolagem o mais precioso dos aviões da minha coleção em miniatura, o Boeing 747-200 da Varig. Soltei os freios e levei os manetes de potência das quatro turbinas ao seu ponto máximo, buscando alcançar altitude de cruzeiro que me fizesse livrar com segurança a mesa de centro. Eu já estava ciente dos procedimentos da brincadeira na sala de estar e por isso eu me mantinha em um nível de voo abaixo da linha da tevê para não atrapalhar o jornal ou a novela que meus avós assistiam todos os dias logo após o jantar. Aos 8 anos de idade, minha frota de aviões era grande e, desde pequeno, meu fascínio por esses pássaros de metal parecia não ter limite. Meus avós só não imaginavam aonde eu iria chegar com tanto gosto por uma atividade que, mesmo no ambiente profissional, se mistura com a paixão de uma criança.

Mas eu só comecei a voar de verdade aos 22 anos de idade, quando decidi resgatar os sonhos de infância para literalmente respirar novos ares. Desde que me habilitei como piloto privado de aviões, eu desejava dar a volta ao mundo pelos céus, começando pelo Brasil. Passava horas imaginando as paisagens, os destinos, as rotas de navegação aérea, os aeroportos e as cidades que eu iria explorar assim que me colocasse na cabine de comando de um avião. Pesquisava tudo que podia sobre aviação e expedições aéreas. Tão certo eu estava de levar meus planos adiante que, anos após ter iniciado minha carreira artística na televisão, peguei minhas economias e comprei um avião. Para que se possa entender meu grau de comprometimento com a ideia de realizar essas aventuras aéreas, nessa pouca altura da minha vida, eu ainda morava de aluguel, e a aeronave me custou praticamente 90% das minhas economias.

Comprar um avião nunca foi um capricho, muito menos ostentação. Eu pretendia acumular experiência e voar para mais longe do que me era permitido com os voos que eu fazia no Aeroclube do Brasil, no Rio de Janeiro. Lá tirei minha habilitação de piloto privado. O Papa-Tango-Eco-Victor-Charlie (PT-EVC) foi o primeiro dos quatro aviões que possuí. Ele era um Sêneca II, ano 1984, com capacidade para 5 passageiros (mais o piloto), no qual eu transportaria a equipe para gravar o documentário que eu pretendia produzir nas localidades que pousasse pelo Brasil. Como um bimotor, o Sêneca é conhecido por não conseguir voar em "pane" sem um dos motores. Alguns pilotos brincavam que o segundo motor do Sêneca só servia mesmo para conduzir o avião até o local da queda. Se precisar de potência para permanecer sustentado no ar com apenas uma de suas hélices girando, ele cai.

Com algumas horas de voo no PT-EVC, percebi que esse avião não serviria para meus propósitos. Não era uma questão de receio do que os outros falavam sobre essa máquina. Era por eu não ter me acostumado mesmo com aqueles dois motores atrapalhando a visão que eu gostaria de ter quando estivesse sobrevoando tribos indígenas na Amazônia, as lagoas dos Lençóis Maranhenses, no Nordeste, o Pantanal no Centro-Oeste, com seu firmamento "molhado" ou as diversas chapadas Brasil adentro. A falsa segurança que eu tinha a bordo por causa dos dois motores do Sêneca também resultava no dobro de gastos com a manutenção e com o consumo de combustível. Por esses motivos, depois de alguns meses avaliando se eu tinha feito o investimento certo — com praticamente todo o dinheiro que eu possuía no banco —, decidi que venderia ou trocaria aquela aeronave por uma de menor porte. O inesperado foi eu ter aventado a questão da venda numa noite qualquer em casa e, na manhã seguinte, sem eu ter falado com ninguém sobre meu plano, eu receber uma proposta de um corretor de aviões que eu havia conhecido no início da minha busca por uma aeronave e que sabia que eu possuía essa máquina:

— Max, tenho um cliente procurando um avião como o seu — me comunicou o corretor. — Você, por acaso, tem interesse em vendê-lo?

— Interesse... interesse... eu não tenho não. Mas dependendo da proposta, quem sabe? — Apesar de ter certeza absoluta de que pretendia vender o bimotor, inverti os lados na mesa para me favorecer na negociação.

— Então, vou falar com o comprador para fazermos uma proposta. — E encerrou a chamada.

Foi inacreditável o mínimo esforço que eu precisei fazer para completar a venda que, geralmente, pode levar tempo e não se resolver de maneira tão rápida como aconteceu comigo. E por mais incrédulo que eu tenha ficado quando recebi a proposta do corretor, ainda depois de ter possuído e usado o avião por aproximadamente oito meses, consegui vendê-lo com o acréscimo de 15% acima do valor que eu havia pago. O lucro que eu obtive na negociação ofereci para minha mãe trocar de carro.

Mas, me desfazer do Sêneca não seria o fim da ideia de voar pelo Brasil. Eu apenas redimensionava as necessidades do projeto e, por isso, decidi comprar um novo avião, um monomotor de quatro lugares. "Pandorguinha" era o nome de batismo que o proprietário anterior deu ao Cessna 172 de cor branca com faixas azul e dourada na fuselagem. Eu iria buscá-lo em Londrina, no Paraná, com a ajuda de um dos meus instrutores de voo, que atualmente voa na linha aérea. Com o Pandorguinha, (que significa pipa pequena), eu voei muito — feito criança mesmo — e fui muito feliz. Passeava com meus amigos, com a família, sozinho, de dia, de noite... Voava pelo menos duas vezes por semana, quando não mais. Certa vez, cheguei a ir voando para a gravação de uma novela, quando a locação foi no aeroporto de uma cidade vizinha ao Rio de Janeiro. Foi muito bom o tempo que passei com o ele. Embora, tendo me proporcionado muitas alegrias e a experiência que eu precisava conquistar para a expedição aérea, esse ainda não era o avião ideal para o projeto. Eu precisava de uma máquina mais veloz! Por isso, coloquei o monomotor à venda. Em menos de duas semanas, um comprador saiu de Curitiba, no sul do Brasil, para avaliar o Cessna no Rio de Janeiro. Como o Pandorguinha sempre foi muito bem cuidado e se apresentava em grande "forma", não foi difícil fechar negócio com os irmãos interessados na aeronave.

Mas a venda do Pandorguinha também não era o fim do meu projeto. Pelo contrário. Agora eu tinha as horas de voo necessárias e "maturidade" aeronáutica suficiente para adquirir o avião que me levaria para os quatro cantos do Brasil. Então, por uma questão de oportunidade, comprei o RV10 de um querido amigo, meu colega no Clube CEU (Clube Esportivo de Ultraleves), que também era meu chefe na televisão. Além do avião ter procedência indiscutível, era a máquina perfeita para meu objetivo. O RV10 também dispunha de quatro assentos como o Pandorguinha, mas tinha mais potência no seu motor de 260 cavalos e velocidade de cruzeiro de 160 nós (aprox. 300 quilômetros por hora). O Papa-Romeo-Zulu-Lima-Fox (PR-ZLF), de asa baixa, era ideal para pousar e decolar em pistas curtas de terra, grama, cascalho ou asfalto e, com o tanque extra que eu mandei instalar, tinha autonomia de voo de até cinco horas e meia — ideais para as longas distâncias que eu percorreria pelo Brasil —, sem falar no conforto do ar-condicionado "de fábrica", que é um luxo raro em pequenos monomotores.

Com a compra realizada, fui buscá-lo em uma fazenda no interior do Rio de Janeiro, com a mesma felicidade de quem ganha um presente de Natal. Como seria o primeiro voo que eu faria no novo avião, chamei dois amigos, também pilotos, para irem comigo. Alinhado na longa pista de grama do aeródromo de Mangaratiba, como fazia no carpete gasto da casa dos meus avós, dei potência nos manetes e, com a rotação ideal para iniciar a decolagem, soltei os freios para rolar sobre a pista. Enquanto o avião ganhava velocidade para decolar, eu monitorava os parâmetros do motor que estavam todos no arco verde dos "reloginhos" no painel, indicando que tudo funcionava bem. Quando eu bati os olhos no velocímetro para verificar a velocidade com que eu me deslocava enquanto corria na pista, notei que o instrumento estava "zerado", sem indicação da velocidade aerodinâmica, essencial para sustentar o avião no ar. Olhei para frente, tentando avaliar o que deveria fazer e, em alguns segundos, tirei o ZLF do chão. Preocupado com a situação, compartilhei o que se passava com os meus amigos pilotos:

— Eu estou sem leitura de velocidade aerodinâmica!

— Como assim, Max? — um deles me questionou.

— O instrumento não parece estar funcionando — respondi dividindo minha atenção entre o painel e a proa que eu precisava manter para livrar os morros da topografia da região.

— Você devia ter abortado a decolagem... — disse um deles.

A pista em Mangaratiba tem 1.200 metros de comprimento. Era totalmente possível eu ter feito o que ele me sugeriu, reduzindo o motor e freando em frente. Mas, naquele dia, por um impulso equivocado de querer me desprender do chão com o avião recém-adquirido, eu puxei o manche para mim quando senti que já tinha velocidade suficiente para voar. Deslocamento aerodinâmico para decolar eu tinha, mas não sabia a quantos nós o avião voava. Preocupado com o que se passava, curvei à direita, seguindo os procedimentos de saída do aeródromo de Mangaratiba e apontei o nariz do ZLF para o litoral, no sentido da cidade do Rio de Janeiro, para onde eu desejava seguir. Éramos três pilotos dentro da cabine, mas nenhum de nós tinha voado naquela aeronave anteriormente. Com a situação de pane no instrumento, os três pilotos a bordo voltaram a atenção total para dentro da cabine, questionando o que poderia estar causando aquela falha na leitura da velocidade. Foi no momento em que estávamos focados no painel do avião, mexendo nas duas telas de LCD da cabine, que escutamos no rádio uma mensagem eletrônica do computador de voo:

— *Traffic! Traffic! Traffic!* — dizia o sistema de alerta de colisão.

Com a pane do instrumento, acabamos ficando mais preocupados com o problema que se passava dentro da cabine do que em continuar a voar. Foi uma distração completamente compreensível que simplesmente me fez "esquecer" de olhar para fora do *cockpit* para evitar outros tráfegos. Se não fosse o sistema de alerta do avião a me avisar da presença de uma outra aeronave em rota de colisão, possivelmente eu não teria percebido o perigo externo a ser evitado.

— Vamos fazer o seguinte: eu vou voltar com o avião para a fazenda e vocês tentam resolver a pane — instruí os outros dois pilotos que estavam comigo.

Dentro da cabine do ZLF, o tempo voava. Por mais que eu não tivesse a leitura da velocidade aerodinâmica (velocidade com que o ar passa pelas asas), eu tinha ainda uma informação, menos precisa, fornecida pelo GPS, quanto ao deslocamento do avião em referência ao solo. Geralmente não utilizamos essa informação do GPS para realizar os procedimentos de pouso e decolagem, pois é essencial que o piloto saiba a velocidade aerodinâmica para evitar que o avião entre em *stall* (perda da sustentação nas asas) e despenque feito pedra no ar. Mas, naquele dia, com a pane no instrumento principal e sem outra opção, eu optei por me aproximar para o pouso baseado no que os satélites indicavam.

— Coordenação em Mangaratiba, o PR-ZLF irá para pouso de emergência sem leitura de velocidade — informei na fonia minhas intenções e a situação em que me encontrava.

Da perna do vento (paralela ao aeródromo) até o alinhamento com a pista definida para o meu pouso, busquei ter pelo menos 10 nós acima da velocidade que seria ideal para fazer uma rampa perfeita para o pouso. Minhas mãos suavam nos manetes e no manche. Meu coração batia forte e meus amigos pilotos faziam um silêncio sepulcral dentro da cabine. Alternando meu olhar entre a velocidade indicada no GPS e a pista de pouso, busquei a melhor rampa que eu pude, sentindo na ponta dos dedos como o avião se comportava com a rotação do motor em marcha lenta. Ao cruzar a cabeceira da "uno uno" (pista 11), puxei levemente o nariz do avião para tocar suavemente com o trem de pouso no gramado da pista. Foi um alívio colocar aquela máquina novamente no chão. Meus amigos não me pouparam das reverências.

— Se o cara pousa o novo avião sem nem saber a velocidade aerodinâmica, ele nem precisa mais da gente aqui... — disse um deles, fazendo um elogio indireto ao meu procedimento de pouso "amanteigado", como quando eu realizava com minhas aeronaves em miniatura no carpete da sala dos meus avós.

Sem me gabar por ter dado conta de resolver aquela situação, taxiei de volta para o pátio das aeronaves e desembarcamos. O problema que tivemos teria duas explicações: um cabo desconectado no painel ou o entupimento do tubo de Pitot, componente estrutural na parte externa do avião que faz a leitura da pressão estática e aerodinâmica para indicar a velocidade de deslocamento da aeronave no ar. Fomos imediatamente verificar o *pitot*.

— Max, me parece que o tubo de Pitot está entupido — disse um dos meus amigos.

— Mas como? — perguntei, constatando o problema.

— Aqui é uma fazenda, cara. Alguma abelha ou outro inseto pode ter considerado o orifício um bom lugar para fazer sua casa... — concluiu ele, ironicamente.

— Bom, vamos limpar isso e correr na pista com o avião novamente para ver se resolvemos o problema — sugeri aos dois, que não discordaram da proposta.

Voltei a acionar o ZLF, taxiei e dei potência novamente na máquina. Com o deslocar do avião no chão, o velocímetro lentamente começou a dar sinais de leitura. O problema estava resolvido. Atingindo a velocidade aerodinâmica ideal para desprender do solo, puxei o manche e, uma vez mais, estávamos no ar. Sem nenhum outro tráfego no horizonte, seguimos calmamente para o Rio de Janeiro, onde seria a nova "casa" do avião que me faria cruzar os céus do Brasil na minha expedição aérea.

∗∗∗

Voar pelo interior do Brasil é uma aventura e tanto. As dimensões continentais do país oferecem poucas opções de pistas, muitas vezes sem abastecimento, infraestrutura ou condições ideais de segurança. Foi voando sobre a Amazônia, uma das regiões mais distantes dos grandes centros, que eu colocaria em prova as minhas habilidades aeronáuticas. Sobrevoar a selva é, de fato, uma experiência muito peculiar. Sem opções de pouso na mata fechada, o piloto tem que torcer para não ter uma pane e continuar o voo até o seu destino. Por esse motivo, os aviadores são obrigados a cumprir longas distâncias sobre o verde da floresta e optam por conduzir a aeronave preferencialmente sobre os rios, utilizando esses espelhos d'água como referência e apoio em caso de necessidade de um pouso de emergência. Afinal, muitas comunidades ribeirinhas se utilizam da navegação para o deslocamento na Amazônia e, no caso de um pouso forçado, eu teria a opção de seguir o curso do rio até uma aldeia ou um assentamento indígena na floresta.

Quando iniciei a expedição aérea pelo Brasil, já estava ciente das dificuldades de sobrevoar a remota floresta amazônica. Por isso, usei do conhecimento local para traçar meus voos. Em um episódio específico, eu tinha decolado da cidade de Rio Branco, capital do estado do Acre, e seguia para uma aldeia indígena no meio da floresta. Como o percurso seria de aproximadamente duas horas, fiz o plano de voo para a cidade de Tarauacá com alternativa para Jordão, no encontro dos rios Jordão e Tarauacá, que dão nome às cidades ribeirinhas. Mas meu destino seria mesmo a aldeia dos índios Huni Kuin. Sobrevoando a rodovia que conecta Rio Branco e Tarauacá, decidi colocar a proa diretamente para a aldeia da tribo dos índios e "abandonar" a referência da estrada de asfalto no chão. Porém, como meu plano de voo inicial era para Tarauacá, eu precisava avisar ao controle aéreo da Amazônia que eu iria mudar minha rota.

— Centro Amazônico, aqui é o PR-ZLF — chamei no rádio, tentando contato.
— Centro Amazônico. Na escuta do ZLF? — chamei por uma segunda vez, mas sem resposta dos controladores.

Eu voava em uma sombra de comunicação no meio da floresta e, por estar relativamente baixo — a 5 mil pés de altitude (cerca de um quilômetro e meio) —, não conseguia ser ouvido pelo controle.

É muito comum em algumas regiões remotas na Amazônia o piloto ficar sem contato com o controle de tráfego aéreo, pois existem essas "sombras" na recepção do radar e nas antenas de comunicação.

— Centro Amazônico, aqui é o FAB 2874 de Cruzeiro do Sul para Letícia — escutei um avião da Força Aérea Brasileira chamar o mesmo controle que eu precisava contatar.

— FAB 2874, aqui é o PR-ZLF. Na escuta? — fiz contato com a outra aeronave.

— Prossiga, ZLF — me respondeu o avião militar brasileiro.

— O ZLF está tentando contato com o Centro Amazônico, mas sem sucesso. Os senhores poderiam fazer uma ponte com o controle e informar que estou alternando minha rota de voo de Tarauacá para Jordão?

— Afirmo, ZLF — cotejou a informação o avião da FAB.

— Muito obrigado, FAB 2874 — agradeci e encerrei a comunicação com os companheiros aviadores.

Avisar da mudança do meu destino era importante para que as autoridades locais soubessem das minhas intenções e da alteração da minha rota. Caso eu não pousasse em Tarauacá — como estava previsto no meu plano de voo feito em Rio Branco —, o controlador local poderia supor que eu tivesse caído na mata e acionaria o centro de busca e salvamento para tentar me encontrar perdido na floresta. Isso levaria algumas horas para acontecer, mas é o procedimento padrão do controle, especialmente em regiões tão remotas como na Amazônia.

Uma vez que eu estava tranquilo por saber que a mudança da minha rota seria de conhecimento do Centro Amazônico, me concentrei no voo sobre a floresta sem qualquer referência de estradas ou rios. Agora o motor não podia falhar, senão eu estaria "lascado" se tivesse que pousar em emergência sobre a mata fechada que, do alto, parece uma floresta de brócolis. Depois de 50 minutos, desviando de algumas nuvens e chuvas isoladas que se apresentavam no caminho, avistei ao longe a cidade de Jordão, à beira do rio de mesmo nome. A clareira da pequena vila indicava o centro urbano no meio daquele tapete verde de floresta e a pista de pouso onde eu deveria aterrar. Sobrevoei as casas dos ribeirinhos e pousei o avião em segurança no aeroporto local. A pista de asfalto, que do alto parecia em boas condições, na realidade estava completamente esburacada. Embora eu tenha feito um primeiro toque bem macio com o trem de pouso, me senti dirigindo um carro *off-road* para taxiar o avião até o modesto terminal de desembarque, que se resumia a uma casinha de madeira colorida e janelas sem vidro. Mesmo tendo avisado ao avião da Força Aérea Brasileira a minha intenção de alternar para o novo destino, avaliei ser melhor entrar em contato com o Centro Amazônico, dessa vez por telefone, para informar que eu já havia pousado em segurança. Foi ingenuidade minha pegar o celular para fazer essa chamada, pois sequer havia sinal no meio da floresta. Precisei utilizar um telefone público preso ao tronco de uma árvore no que parecia ser o "saguão" de desembarque. Fazia muito tempo que eu não utilizava um telefone público e, realizar uma chamada local me custou alguns minutos até que eu conseguisse contatar o pessoal da sala de controle no aeroporto mais próximo.

— Alô, é do Centro Amazônico? — perguntei ao remetente da minha ligação.

— Sim — alguém me respondeu com o som abafado pela ligação ruim.

— Aqui é o piloto do ZLF para avisar que alternei meu voo de Tarauacá para Jordão e já estou em solo.

— Informação recebida, comandante — confirmou o tenente que estava de plantão. — Estamos dando baixa do seu voo no sistema.

Chegar a uma das regiões mais remotas que eu

já havia voado até então na expedição aérea foi, sem dúvida, uma das mais fortes emoções que senti. Eu estava desbravando o Brasil de uma maneira única, como se estivesse voando em outra época, numa região que ainda permanece à margem da tecnologia que estamos acostumados nos grandes centros urbanos. A partir dali, eu pegaria um barco, pilotado por um índio, até a aldeia dos Huni Kuin.

***

Nessa expedição aérea, voei por todo o Brasil. Pousei em mais de 50 pistas diferentes, conheci diversas pessoas e realidades peculiares em um país de dimensões continentais. Seja em uma comunidade quilombola no Nordeste, seja em um grande centro como São Paulo, transitei por lugares onde o céu permitiu o meu caminho. Todavia, nenhum dos lugares pelos quais passei foi tão contrastante quanto a comunidade indígena dos Huni Kuin no estado do Acre.

Para poder pousar e visitar a tribo, precisei pedir autorização antecipada à FUNAI (Fundação Nacional do Índio) em Brasília que, depois de ter o consentimento dos índios, me liberou para o pouso e a gravação na aldeia. No Brasil, temos cerca de 300 etnias indígenas em um território que, se for somado, ocupam 12,5% do país. Entretanto, os índios Huni Kuin (que na língua local significa Povo Verdadeiro), podem ser considerados um dos mais remotos na floresta.

Do barco que me levava até a aldeia, pude entender a dificuldade que existe para os habitantes do rio Jordão em ter acesso aos serviços básicos de saneamento, energia e locomoção. A única forma de chegar à primeira aldeia das vinte e sete ao longo do rio é de barco. E no caso do transporte que me levava para lá, eu tinha a companhia de um dos pajés, devidamente vestido com seu cocar e cheirando um pó negro conhecido como rapé. Apesar de ser um sujeito quieto, ele demonstrava simpatia e tinha no olhar a mesma curiosidade por mim com a qual eu o observava. Meu objetivo de ir até esses índios era conhecer a "farmácia" da floresta, no Fundo do Segredo, onde os pajés mais velhos buscam as ervas medicinais para curar diversas doenças como dores no corpo, picadas de bichos peçonhentos, conjuntivite e até mesmo o tratamento dos recém-nascidos. O conhecimento passado oralmente através das gerações foi reunido em um livro, o *Una isĩ kayawa*, que traduzido para o português, significa "O livro da cura".

Assim que desembarquei na margem esquerda do Jordão, fui recebido por outros indígenas. Eles vieram até mim com os braços estendidos para me dar a mão e me cumprimentar, todos com sorriso no rosto e visível felicidade com a minha presença. Caminhando em direção ao topo do morro, na floresta, eu já podia ouvir os tambores e o distante cântico da tribo que entoavam no ritual de recebimento. O cacique dos Huni Kuin, Sian Txaná Huibae, estava acompanhado por dois chefes de outras aldeias mais acima do rio Jordão, que também vieram para acompanhar a minha visita e gravação. Todos eles queriam participar de alguma forma dos trabalhos, talvez para ajudar, talvez para marcarem presença nas filmagens que seriam transmitidas na televisão. Como o material alcançaria rede nacional, eu precisava colher a autorização de todas as figuras que aparecessem no vídeo e, para facilitar, pedi ao cacique Sian Txaná Huibae que reunisse toda a aldeia na oca principal para explicarmos como seriam feitos os trabalhos. Dessa forma, passei mais de 100 folhas de autorização de direitos de imagem para todos que desejassem participar das filmagens. De cada um que me trouxe a folha preenchida, tirei uma foto do rosto segurando a identidade para ter conhecimento de quem era quem quando eu fosse editar o material gravado. Nessa primeira reunião, fizemos as apresentações gerais do nosso propósito na tribo e eles me levaram para conhecer o cotidiano na aldeia.

Eu tenho o maior respeito pelos povos indígenas e os considero uma resistência da cultura nacional que devemos preservar. No entanto, fui surpreendido por um dos índios que opinou sobre a questão de como conservar a sua cultura:

— Eu não quero que minha família viva exatamente como meus antepassados viviam — comentou em particular comigo um dos índios ao final da reunião. — Minha mulher precisa de uma moto para poder transportar o que a gente colhe; eu preciso de uma serra para poder cortar a madeira; as crianças precisam de educação para ter o conhecimento.

— Mas como você acha que poderiam ter acesso a essas coisas e ainda sim preservar a identidade cultural ancestral? — perguntei tentando aprender.

— Da mesma maneira que o homem branco faz... — disse ele com um olhar sincero, esperando que eu concluísse seu pensamento.

— E como seria isso? — perguntei evitando cometer algum equívoco com a minha opinião alheia à sua realidade e seu desejo.

— Em museus. Em filmes. Nos livros — concluiu ele e saiu caminhando, me deixando com diversas questões na cabeça que eu jamais poderia ponderar se eu não tivesse ouvido da boca de um habitante local.

Talvez não seja dessa maneira que todos os índios no Brasil pensem. Talvez nem todos queiram esse tipo de desenvolvimento para a sua tribo. Talvez ele esteja certo para a realidade em que vive. Mas é um fato certeiro que esses povos precisam ter voz na nossa sociedade para que possamos entender melhor suas necessidades e seus comportamentos sociais. Por isso eu estava ali. A minha primeira lição na tribo foi ter aprendido o significado de respeito que devemos ter por eles.

Depois de caminharmos um pouco mais para dentro da mata, eles me levaram até uma oca, onde os pajés mais velhos se reuniam para buscar plantas medicinais utilizadas nas suas cerimônias espirituais de cura.

— Nós somos todos parte dessa natureza à nossa volta, Max — disse Sian Txaná Huibae apontando para o verde que nos rodeava.

— Como foi que vocês descobriram e reuniram todo esse conhecimento? — perguntei.

— Antigamente nosso povo, o Huni Kuin, não tinha doenças. Mas a gente começou a comer animais, o sangue dos animais. Foi então que os pajés mais fortes se reuniram para transformar a medicina tradicional. Para proteger e curar o nosso povo. Por isso, quando os pajés vão buscar um remédio, têm que conversar com aquela planta. Porque toda essa floresta que nós temos aqui é medicina. A floresta Amazônica é a nossa farmácia viva.

Depois de ter conseguido gravar na tribo tudo o que eu precisava, meu trabalho estava finalizado e eu podia seguir viagem para meu próximo destino no Brasil. A experiência de ter estado com os habitantes da floresta foi incrível. O fato de eu ter chegado tão longe na minha expedição me deixava satisfeito, sobretudo por minha coragem de voar sobre a Amazônia. Curiosos com o fato de eu ter chegado a um lugar tão distante com o meu próprio avião, um dos indígenas se aproximou de mim e disse:

— Max, quantos jabutis você quer pelo seu avião? — me perguntou sem me encarar os olhos.

— Não sei se dá para calcular em jabutis... — respondi ressabiado, sem saber se aquilo era uma brincadeira ou uma negociação.

— É que nós gostaríamos de poder sobrevoar nossos "irmão brabo" com um avião — disse ele.

— E quem são esses irmãos bravos?

— São os índios isolados, sem contato com nenhuma outra tribo ou civilização, que vivem na fronteira do Brasil com o Peru. — Agora sim ele me olhou de frente e arregalou os olhos.

— Bom... Eu teria o maior interesse de voar até lá com algum de vocês para ver esses irmãos da floresta, mas eu teria que ter autorização para entrar no espaço aéreo do Peru e, infelizmente, eu não posso fazer esse pedido às autoridades — respondi deixando claro que seria impossível fazer o que eles desejavam. — Quanto aos jabutis, eu não poderei aceitar. Preciso do avião para voltar pra casa.

É claro que, como expedicionário, eu não queria perder a oportunidade de explorar tribos isoladas na floresta. Entretanto, ponderei com cautela a responsabilidade de colocar um dos índios dentro do avião sem autorização da FUNAI para sobrevoar uma área que eu também não tinha permissão de voo.

Durante as despedidas finais dos Huni Kuin, senti algo estranho, como se eu estivesse deixando para trás pessoas que iriam permanecer esquecidas na floresta e no tempo. Eles me ofereceram algumas frutas para levar no avião, pelas quais eu agradeci. De maneira bem formal, cada um deles veio a mim e, como em nosso encontro, estendeu o braço e apertou a minha mão. O contato, as lições e a experiência que tive com essas pessoas durante a minha expedição aérea foi algo que eu não poderia imaginar quando desenhava as rotas aéreas ou pensava nos assuntos que eu iria abordar no documentário. Nem mesmo quando traçava a rota pela Amazônia, eu poderia deduzir que uma experiência tão transcendental pudesse ser possível em meu próprio país. Essas pessoas me sensibilizaram demais. Ficou em mim a vontade de voltar algum dia.

***

Tendo realizado o projeto que eu queria desde jovem, era hora de me desfazer do PR-ZLF. Eu gostava muito dessa aeronave e foi uma decisão muito difícil para mim. Porém, manter um avião com as qualidades e performance do RV10 era algo que eu não poderia fazer sem meu contrato com a televisão, a menos que eu tivesse um sócio — ou uma sócia.

— Mãe, vou vender o ZLF — compartilhei com ela a minha triste decisão.

— Tem certeza, filho? Você gosta tanto de voar.

— Ah, mãe. Tenho muitos amigos no Clube CEU que têm avião. Não vai faltar oportunidade de voar com a turma. Eu também posso alugar uma aeronave e pagar por hora de voo no aeroclube, se estiver com vontade de voar.

— E se você e eu dividíssemos os custos de manutenção e hangaragem de um avião um pouco menor e mais barato que o RV10?

— Pode ser uma boa ideia, mãe — comentei um pouco surpreso com a proposta dela.

A sugestão da minha mãe me devolveu a esperança de continuar voando. Ela sempre foi apaixonada por aviação, mas só conseguiu realizar o sonho de se tornar aviadora depois de se aposentar da medicina. Foi impressionante ver sua dedicação e entusiasmo quando começou a estudar as mesmas matérias que eu havia aprendido na minha formação como piloto. Ela parecia uma criança depois de cada voo de instrução!

— Mãe, tem um amigo do clube que quer vender seu avião e aceitaria esperar eu me desfazer do RV10 para quitar o pagamento. Você topa entrar nessa comigo?

— Topo!

Consegui vender o PR-ZLF após dez meses de anúncio em sites especializados em aviões. Mas, mesmo antes de ter o dinheiro para comprar o PU--BJM, minha mãe e eu já estávamos voando juntos nele. Esse avião nos pertence até hoje e é um elo que me conecta com ela não apenas como sócia, mas porque simboliza nossa maneira peculiar de ver o mundo. Como escreveu o filósofo alemão Friedrich Nietzsche: "Quanto mais nos elevamos, menores parecemos aos olhos daqueles que não sabem voar".

Nietzsche não se referia ao ato de pegar um avião e se lançar ao céu quando aventou o pensamento acima. Sua reflexão era para o fato de que, quando adquirimos evolução pessoal, que vai além do plano terreno das ideias, ficamos mais distantes e menores aos olhos e entendimento da maioria das pessoas que não conseguem ter um pensamento mais elevado sobre as questões do cotidiano. A aviação me trouxe isso. Cada um de nós, essa é uma boa notícia, terá ao longo da vida a oportunidade de confrontar sua condição "terrena" — mesmo que nem sempre a bordo de um avião.

Infelizmente, minha avó não viveu o suficiente para ver sua filha e seu neto tornarem-se pilotos. Já meu avô, no final da vida, estava muito velhinho e com problemas nas pernas — as mesmas que eu desviava quando decolava do carpete da sua sala — para poder ir ao aeroporto e nos ver voar. Antes de ele falecer, eu lhe contava as minhas aventuras. Seus olhos azuis, porém cansados, brilhavam e um sorriso orgulhoso transbordava ao se lembrar das minhas brincadeiras quando criança. Ele nos deixou alguns meses depois do falecimento da minha avó e não pôde acompanhar mais das peripécias que seus descendentes iriam realizar.

Minha mãe e eu continuamos voando no PU--BJM pelo Rio de Janeiro quando eu vou visitá-la no Brasil. Não tanto quanto eu gostaria, pois agora passo mais tempo no mar, a bordo da Eileen.

***

Muitas pessoas me perguntam se prefiro voar a velejar. Jamais consegui responder com exatidão.

A meu ver, são duas atividades muito semelhantes e distintas ao mesmo tempo. Tanto o avião quanto o barco estão intimamente relacionados com a liberdade de poder ir para onde bem se desejar e ter uma melhor perspectiva das belezas do nosso planeta, seja no limiar do horizonte salgado do mar, seja sobre as nuvens que parecem algodão doce no céu. Ambas as modalidades utilizam conceitos aerodinâmicos. Assim como a asa de um avião, a vela também funciona como uma superfície de sustentação, que, quando enfunada e trimada corretamente, tem a função de fazer com que o veleiro se desloque para frente. Também, em ambos os casos, o piloto e o velejador precisam entender bem os conceitos de meteorologia e navegação. O que antigamente era feito com instrumentos arcaicos e cálculos matemáticos na ponta da caneta, hoje é feito com ajuda digital. Observar o clima, conhecer as nuvens, prever tempestades, avaliar o melhor momento de partir ou não partir, era muito mais subjetivo quando não existia a computação. Contudo, apesar dos avanços tecnológicos facilitarem imensamente a prática de voar e velejar, é necessário que o conhecimento seja aprendido como se fazia antigamente. As condições climáticas e o conhecimento técnico são essenciais para a devida compreensão dos conceitos que fazem o homem ter segurança em transpor grandes distâncias, seja pela água, seja pelo céu. Nesse aspecto, posso afirmar que tanto voar quanto velejar me encantam. Entretanto, como é dito entre os pilotos: "só quem voa entende porque os pássaros cantam". ▪

CAPÍTULO VIII

MAR OCEANO

Antes de voltar para Gibraltar, peguei um voo para Catânia, capital da Sicília, na Itália. Não é só porque gosto de voar que costumo comprar os bilhetes aéreos com trajetos mais longos, que às vezes levam 24 horas ou mais para chegar ao destino e que têm escalas. É também porque consigo conhecer cidades que muitas vezes não estariam na minha lista de lugares a serem visitados. Como, na maioria das vezes viajo apenas com uma mochila nas costas, fica fácil desembarcar durante a conexão, pegar um trem até o centro da cidade, visitar um museu, tomar um café ou uma cerveja e me hospedar em um hostel para passar apenas uma noite ou algumas horas antes do próximo destino. Quando faço isso, sinto que sou um cidadão do mundo.

Esse curto período na Itália tinha um propósito que seria bastante importante para a minha expedição na Europa com meu veleiro. Como brasileiro, tenho direito a permanecer por apenas três meses em países como Espanha ou Portugal. Mas, antes de pensar em fazer a navegação pelo Mediterrâneo, eu havia iniciado o processo para obter minha cidadania italiana. Meus bisavós paternos deixaram a Itália e foram para o Brasil. Como muitos outros imigrantes, se enfiaram em transatlânticos e desembarcaram no Novo Mundo com o sonho de melhores condições de vida e trabalho em uma terra produtiva. O Brasil se tornou a pátria de algumas dessas pessoas que, com bravura, ajudaram a construir os pilares da nossa economia, identidade e cultura, juntamente com pessoas de outras nacionalidades. Hoje em dia, muitos dos filhos e netos dessa "brava gente" iniciam o caminho inverso, como no meu caso.

Caminhando pelas ruas da Sicília, eu era apenas mais um *ragazzo* em busca da minha história e do direito de reconhecimento como cidadão, rumo às origens que religam os nossos laços com a mãe Itália. Como a obtenção da minha cidadania italiana já estava adiantada, essa visita ao país da forma de bota foi meramente para a emissão dos meus documentos pessoais. Não que eu soubesse que faria a viagem pelo Mediterrâneo quando iniciei o processo, mas, para permanecer na Europa, seria fundamental que eu me enquadrasse nos termos legais da comunidade europeia. Com os documentos finalmente emitidos, eu poderia circular livremente com meu barco por todos os países que eu desejava visitar na União Europeia e pelo tempo que me coubesse.

Dias depois, cheguei a Gibraltar. Meu veleiro

tinha ficado parado por quase quatro semanas seguidas. Foi estranha a sensação de caminhar pelos píeres da Ocean Village Marina e sentir-me voltando para casa. Muitos dos pensamentos que me entristeciam como, por exemplo, a separação no final do ano anterior, já não causavam o mesmo desconforto. A lembrança da vida que eu levara no passado aos poucos era substituída pelo desejo de novos mares a serem navegados com a Eileen.

Já era tarde quando finalmente cheguei ao porto e o que eu mais queria era pisar dentro do barco, tirar a mochila pesadas das costas e descansar. O problema foi que quando eu parei em frente à minha vaga na marina, notei que havia algo diferente: a minha escada que dá acesso ao barco pela proa havia se quebrado e resistia pendurada por um último parafuso que a mantinha sem se soltar. Logo me ocorreu que poderia ter sido consequência da tempestade das últimas semanas, que provavelmente empurrara meu barco de encontro ao píer e forçara a estrutura da escada. Passei os olhos em volta da Eileen para ver se havia outras surpresas desagradáveis. Por sorte, o barco não apresentava nenhum dano. Sem que eu pudesse utilizar a escada arrebentada para entrar em minha casa, o jeito foi "pular o muro". Certifiquei-me de que não havia ninguém por perto, entrei em um barco vizinho que estava desabitado e passei para meu veleiro pela lateral dos barcos, saltando de um para o outro. Naquela noite, eu não poderia fazer nada. Somente no dia seguinte, pude ir atrás de novas peças.

O casal de americanos, Wendy e Kevin, ainda permanecia pela marina, então passei para lhes agradecer por terem dado uma olhada na Eileen por mim. Wendy disse que precisou ir algumas vezes até o meu barco para caçar os cabos de amarração e que, mesmo com toda a sua atenção, foi inevitável que a escada se partisse. Comparando com as avarias de outras embarcações expostas à tempestade, o dano da escada não fora nada. Alguns barcos na marina chegaram a bater de encontro ao píer com muita força e teriam estragado a estrutura e a fibra que protege o casco, segundo relatos da Wendy. Por sorte, eu tive quem cuidasse da Eileen durante minha ausência.

Depois de reparar a escada, eu estava pronto para soltar as amarras novamente, mas, antes de sair, recebi uma mensagem de um aventureiro como eu, que estava próximo de Gibraltar e que me acompanhava pelas redes sociais. Paulo Seixas, um brasileiro de 30 e poucos anos, do interior do estado de Santa Catarina, iniciara havia três anos sua volta ao mundo de carro. Coincidentemente o rapaz veio a acampar em La Línea, na fronteira da Espanha com Gibraltar, no mesmo período em que eu estava na região. Seu veículo era um *motorhome* por ele mesmo adaptado para viajar e pernoitar à margem das estradas, *campings* ou em estacionamentos que lhe proporcionassem segurança suficiente durante a noite. Paulo percorria o mundo em uma missão social, apoiada pelo Itamaraty. Seu objetivo era propagar a consciência ambiental, ao passo que ele visitava e conhecia outras culturas. Eu não me lembrava, mas, um ano e meio antes, ainda em 2016, quando eu dirigia pelas estradas da América do Sul, nós chegamos a trocar mensagens pelas redes sociais. Paulo também percorria, então, o sul do continente americano, mas nunca tivemos a chance de cruzar nossos caminhos. De lá para cá, ele atravessou a América de norte a sul e cruzou o Atlântico com o seu *motorhome* em um navio que o deixou em Portugal para seguir em sua missão pela Europa. Como sua história era interessante, resolvi adiar minha partida para que pudéssemos nos conhecer pessoalmente e falarmos sobre viagens e projetos de expedições. Encontramo-nos e logo percebi que tínhamos o mesmo desejo por aventuras. Então eu o convidei para conhecer meu barco e velejarmos um pouco pela costa de Gibraltar.

— Max, você não sente falta da sua família e dos amigos vivendo em um barco? — Paulo me perguntou durante a navegação.

— Muitas vezes, Paulo. Mas essa viagem para

mim é uma busca por autoconhecimento. É importante que eu me dedique esse tempo — eu disse.

— Eu estou um pouco cansado das estradas — ele me confessou — e penso um dia comprar um veleiro e viver como você.

A vontade do Paulo de trocar seu carro por um barco era bastante compreensível. Por mais liberdade que tivesse com o *motorhome*, percebi que ele precisava de novos desafios. De fato, viver em uma casa flutuante ou em uma casa sobre rodas é um ponto fora da curva se considerarmos que a maioria das pessoas deseja ter um lar fixo e comodidade. Para pessoas como nós, o desejo por aventuras falava mais alto e nem o sacrifício da falta de convívio com amigos e família é impedimento para seguirmos em busca de um ideal nada tradicional e fora da zona de conforto. Ter encontrado Paulo e ter tido a oportunidade de lhe apresentar um pouco do meu estilo de vida no barco me fez refletir sobre essas decisões e reconhecer nele uma vontade que desperta em muitas pessoas da nossa geração. Cada vez mais eu percebo a insatisfação dos jovens com o modelo tradicional de vida, que segue uma linha de tempo muito comum: estudar para ter uma profissão; namorar; casar-se; progredir em uma empresa consolidada; comprar um carro; financiar uma casa; ter filhos; e talvez, somente após a aposentadoria, se dedicar aos sonhos da juventude. Sem dúvida, nós dois somos privilegiados por termos as condições ideais de vida — sem falar na coragem — para seguir nossa vontade ainda jovens, mas é inegável considerar o preço que se paga por essa escolha, especialmente no caso do Paulo, que já viajava pelas estradas por quase quatro anos.

— Paulo, veleiros são muito similares aos *motorhomes*. Você não terá muita dificuldade de se adaptar à vida no mar, se quiser — incentivei-o.

— Eu acredito, mas ainda preciso ganhar experiência em barcos para iniciar essa nova etapa da minha vida. Assim que eu tomar uma decisão, eu te aviso.

— Bem, pode contar com meu apoio, se precisar.

Ao atracarmos novamente, eu me despedi do Paulo, que acampara no estacionamento da marina onde eu estava com a Eileen. Nosso caminho voltaria a se cruzar depois de alguns meses. Antes, eu continuei minha navegação com destino a Portugal.

***

Comecei a me organizar para deixar o estreito no dia seguinte ao encontro com o Paulo. Uma vez que meus tanques estavam então vazios e limpos, eu já podia reabastecer o barco. Embora a moeda local seja a valorizada libra esterlina, o combustível é um dos mais baratos do mundo. Foi interessante ver embarcações de diversas nacionalidades chegarem com seus depósitos no menor nível à Gibraltar e abastecerem toneladas de diesel na bomba de combustível antes de entrar ou sair do Mediterrâneo.

Passei no escritório da marina para acertar as despesas do abastecimento de quase 700 litros que coloquei em meus tanques e paguei pelas diárias em que eu permanecera atracado na Ocean Village. Soltei as amarras uma vez mais e iniciei a nova etapa da viagem. Meu destino era a cidade de Vilamoura, no litoral sul de Portugal. Essa seria a primeira vez que eu velejaria em mar aberto pelo oceano Atlântico. Um importante passo para mim, que ainda contava somente com alguns meses de experiência náutica. Baixei a previsão meteorológica para o celular e deixei o estreito assistido pelo motor por volta de seis da manhã. Por acaso, não havia muitos navios grandes entre as Colunas de Hércules naquele dia. Isso fez com que eu não tivesse problema algum em traçar a melhor rota possível e mantivesse o rumo que eu precisava sem ter que desviar do tráfego preferencial.

A imensidão do alto-mar, que me cercava por todos os lados ao perder a costa de vista, me fez sentir um misto de liberdade e apreensão. Dali, eu não teria mais o apoio do litoral, nem que fosse apenas um alento para meus olhos. Na verdade, eu me preocupava com algo que assombra muitos navegadores: cair na água. O pior que pode acontecer a qualquer um que esteja em um barco no meio do oceano é o que chamamos de "homem ao mar". Quando isso acontece velejando com mais pessoas, a tripulação tem que estar treinada para agir depressa e minimizar o tempo do resgate. Parar o barco e retroceder é uma manobra que pode levar alguns bons minutos, especialmente se a embarcação for um veleiro e estiver com todas as velas içadas. Entretanto, os barcos à vela não podem simplesmente fazer uma volta de 180 graus em seu eixo sem que os cabos sejam passados e as velas sejam recolhidas ou ajustadas para seguir na direção do náufrago. Se o incidente acontecer durante a noite, as chances de recuperar o sobrevivente são muito baixas.

No meu caso, como eu velejava sozinho, não teria com quem contar a bordo para me puxar da água, por isso meu cuidado ao caminhar pelo *deck* era ainda maior e eu sempre me mantinha preso por um cabo, passado de um extremo a outro do veleiro, que chamamos de linha de vida. Essa linha serve para que os navegadores se prendam ao barco a partir de uma cinta, presa nos coletes salva-vidas. Estes, obrigatoriamente, devem ser utilizados em todas as ocasiões em que o sujeito estiver exposto ao risco de cair do barco.

Chegando próximo à Vilamoura, ainda ao largo de Faro, eu falava ao telefone com o meu amigo e colega de profissão Pedro Martins, que estava morando havia mais ou menos seis meses em Lisboa. Fazíamos uma videoconferência, pois a essa altura eu já tinha boa conexão de internet por navegar próximo da costa. Pedro insistia em me falar das maravilhas sobre a vida em Lisboa, mas eu relutava em aceitar o que ele dizia.

A verdade é que, quando visitei Portugal pela primeira vez, em 2008, o país passava por uma crise econômica profunda. As pessoas, em geral, me pareceram infelizes e até o movimento nas ruas era apático. Por isso eu não conseguia acreditar na mudança que Pedro dizia ter acontecido com a retomada do crescimento e dos investimentos que o país fazia para promover o turismo e o bem-estar social depois dos anos de depressão econômica.

Terminada a chamada com meu amigo, subi ao *cockpit* para corrigir o curso que eu seguia, pois havia uma outra embarcação à minha frente. Próximo ao veleiro, que exibia em sua popa a bandeira da Bélgica, um senhor mergulhava e permanecia um tempo embaixo d'água como se estivesse pescando. Fiquei admirando aquele cenário com o barco estrangeiro silhuetado pelo pôr do sol no horizonte. Quando passei lentamente ao seu lado, o homem saiu da água, se secou e ficou me olhando sem demonstrar nenhuma expressão. Não estávamos tão perto a ponto de podermos conversar, mas conseguimos nos notar claramente. Se estivéssemos mais próximos, eu teria até cumprimentado o senhor, mas continuei a navegação para o meu destino sem dar importância ao encontro.

Quando me aproximei da marina de Vilamoura, peguei o rádio de mão e fiz contato, como de costume, solicitando uma vaga para um pernoite.

— Marina de Vilamoura. Marina de Vilamoura. Embarcação Eileen, embarcação Eileen.

— Prossiga, Eileen.

— Solicito pernoite para meu veleiro. São 44 pés de comprimento, 4 metros de boca e 1,85 metro de calado.

Falar em português pelo rádio pela primeira vez me emocionou, afinal eu vinha me comunicando em castelhano ou inglês até então. Mesmo o sotaque português, que algumas vezes é difícil de compreender para nós, brasileiros, não foi impedimento para que eu entendesse com clareza a resposta no VHF:

— Eileen, nós estamos cheios, mas você pode passar essa noite no cais de espera, junto à bomba de combustível — responderam, dando autorização para entrar na marina.

Não vi problema em ficar em uma vaga provisória, uma vez que planejava passar só uma noite lá. O escritório da marina já havia fechado na hora em que terminei de amarrar o barco. Eu só poderia resolver a burocracia de registro do pernoite pela manhã do dia seguinte. Assim, depois de tomar banho, fui preparar o jantar, acompanhado de uma garrafa de vinho tinto para comemorar a chegada ao novo país. Cerca de onze e meia da noite, avistei pela janela o veleiro de bandeira belga sendo rebocado por um outro barco na entrada da marina. Observei, de minha cabine, o mesmo senhor que eu tinha avistado ao pôr do sol amarrando seu barco logo em frente ao meu. Terminado o jantar, apaguei as luzes e fui me deitar, exausto, depois do longo dia de navegação. No dia seguinte, quando acordei, o escritório da marina continuava fechado. Aproveitei para jogar, com a mangueira que estava disponível no píer, água doce no convés e nos metais do meu barco. O céu estava limpo, sem nuvens, e com certeza aquele banho que eu dava na Eileen secaria rápido quando o sol esquentasse mais ao longo do dia. Foi então que o homem do barco belga colocou a cabeça para fora de seu veleiro e, vendo que eu também já havia acordado àquela hora da manhã, veio falar comigo.

— Foi você que passou por mim ontem? — me

perguntou o senhor com a cara amarrada, em bom português.

— Acho que fui eu, sim. Vi que o senhor estava pescando quando nos cruzamos — respondi tentando demonstrar simpatia.

— Ó *pá!* Estava a pescar, brasileiro?! — ele já tinha identificado minha nacionalidade em razão do meu sotaque. — Eu estava é com um problema no motor e precisava de ajuda!

— Ajuda?! — perguntei, surpreso. — Mas então por que o senhor não acenou para mim com os braços, gritou ou me chamou no rádio?

— Achei que você tivesse percebido... — me respondeu presumindo que seria óbvio o meu entendimento sobre sua situação.

Até hoje não sei exatamente qual o problema que ele teve em seu barco, nem porque diabos aquele homem não se fez entender quando nos cruzamos no mar. O fato é que não tinha nenhuma possibilidade de eu compreender o que se passava com ele. Quando um navegador precisa de ajuda, é obrigação das embarcações mais próximas prestarem socorro. No entanto, é impossível adivinhar o que se passa quando esse alguém não se manifesta.

O homem se despediu de mim resmungando palavras de alguma gíria portuguesa que eu não entendi, enquanto eu fiquei rindo, perplexo com o que acabara de me acontecer. Pensei que, talvez, chegara ao mesmo Portugal de 2008.

**

O Algarve, região em Portugal por onde eu havia iniciado esse novo trecho da minha navegação, é uma costa de beleza ímpar na Península Ibérica. Suas falésias em tons de âmbar são banhadas por um mar esmeralda que, durante boa parte do ano, ostenta melhor temperatura do que o restante da costa portuguesa. Essa diferença no termômetro é o resultado do Levante, vento leste que traz as águas mais aquecidas do Mediterrâneo. Já estávamos em meados de abril, primavera na Europa. O calor prenunciava-se no Hemisfério Norte. Essa foi a primeira vez, desde que comprei o barco em Barcelona, que eu navegava somente de calção, sem me preocupar com o frio.

Meu objetivo, então, era continuar velejando para oeste, paralelo à costa sul de Portugal, até chegar ao cabo de São Vicente. Esse lugar, no passado, ficou conhecido como o fim do mundo: a partir dali, os europeus não haviam explorado mais nada. Eu deveria ser prudente, pois o cabo de São Vicente é conhecido por seu "temperamento forte", testando os navegadores que por ali se aventuram. Como Portugal situa-se no extremo mais ocidental da Europa, na expansão do império tendeu a buscar novos caminhos pelo mar, a fim de conquistar territórios onde ainda fosse possível estabelecer colônias e encontrar riquezas. Sem dúvida, os portugueses foram os grandes inovadores na Era de Ouro dos Descobrimentos, com vantagem sobre o resto da Europa pelo invento das caravelas e naus que utilizavam velas latinas (triangulares). Essa tecnologia permitiu navegar em zigue-zague contra o sentido dos ventos dominantes — tal como nos veleiros modernos —, mas, para a época, foi uma grande inovação. Segundo estudiosos, esse conhecimento era de uso exclusivo dos povos árabes, que se restringiam a navegar no Oceano Índico, transportando pessoas e mercadorias. Pode-se afirmar que o invento das caravelas portuguesas está para a navegação assim como os foguetes estão para a exploração espacial.

Ainda a caminho do Cabo de São Vicente, fiz uma breve parada em Lagos, para conhecer mais da história da região que eu navegava. Acabei por fazer uma viagem no tempo ao passar ao lado da caravela Boa Esperança, réplica aproximada de uma das embarcações utilizadas nos séculos 15 e 16, exposta logo na entrada da marina. Construída em madeira, com dois mastros e um pequeno castelo de popa, a réplica representa, em menor escala, o navio utilizado por Bartolomeu Dias ao dobrar o cabo da Boa Esperança, na África do Sul, pela primeira vez em

1488. O feito do renomado navegador abriu caminho para os portugueses até os mercados das Índias com suas especiarias e produtos exóticos na Europa.

Ainda em Lagos, também pude visitar um museu de cera com bonecos em tamanho natural de personagens históricos que fizeram parte das navegações portuguesas como Pedro Álvares Cabral, o próprio Bartolomeu Dias, Vasco da Gama, Cristóvão Colombo e Fernão de Magalhães. Aliás, este último, é um dos portugueses mais importantes da memória dos descobrimentos. Ele capitaneou a missão que buscava encontrar uma passagem no continente americano para as Índias. Apesar de não ter completado sua planejada viagem ao redor do globo por ter sido morto nas Filipinas, é considerado o primeiro homem a dar a volta ao mundo e cruzar o cabo Horn, um dos trechos de navegação mais difíceis e temidos da Terra. Graças à ambição de Magalhães, sob o financiamento da coroa espanhola, a humanidade conheceu a passagem na pontinha sul das Américas que conecta os oceanos Atlântico e Pacífico. E por ter sido Fernão de Magalhães o primeiro a passar por aquelas águas, o estreito no extremo sul das Américas recebeu seu nome.

Deixei Lagos depois de passar apenas uma noite atracado na marina. Ali, o custo da "hospedagem" do barco era muito alto. Eu sabia que não enfrentaria condições meteorológicas tão severas quanto as que

Magalhães e sua tripulação encontraram na América do Sul, mas os intensos ventos e a forte chuva que enfrentei no caminho para o Cabo de São Vicente me obrigaram a ancorar em uma pequena baía de pescadores, a Enseada Baleeira, bem ao pé da Fortaleza de Sagres. Joguei a âncora e permaneci por três dias, à espera de condições mais favoráveis para seguir viagem rumo a Lisboa, capital de Portugal. ▪

CAPÍTULO IX

MAR CHÃO E VENTOS DE FEIÇÃO

Durante minha estada em Sagres, aproveitei para fazer alguns reparos nas madeiras do meu barco. Os ventos dos dias anteriores tinham descolado as molduras das janelas da cobertura externa que protege o *cockpit* do meu veleiro e me pus a consertar enquanto esperava a melhora do tempo. A costa de Sagres é conhecida por ser uma área de condições climáticas severas. Ali, a corrente marítima, predominantemente vinda do norte, dificulta a navegação de quem deseja seguir em direção ao norte de Portugal pela Costa Vicentina. Foi nessa mesma região que o Infante Dom Henrique, filho do rei Dom João I, teria fundado a mítica Escola de Sagres, no século 15. Apesar de os pesquisadores não poderem afirmar a existência de uma academia de estudos náuticos tal como seria a lendária instituição, Dom Henrique empenhou-se em reunir em Sagres o conhecimento mais avançado que se tinha na época sobre navegação, geografia, cartografia e astronomia. O filho do rei empregou tempo, dinheiro e homens na busca por horizontes ainda não explorados além-mar. Por sua ambição e suas conquistas na costa africana e nas regiões insulares da Madeira e dos Açores, lhe foi atribuído o título de "Príncipe Navegador", sendo considerado o homem por detrás das prodigiosas e dramáticas expedições portuguesas. Lendo sobre essas aventuras do passado lusitano, pude entender melhor a referência histórica dos textos e dos poemas de Fernando Pessoa que, em um dos mais simbólicos, diz: "Ó mar salgado, quanto do teu sal são lágrimas de Portugal!".

Na primeira oportunidade de tempo bom, após 72 horas com a Eileen boiando presa apenas pela âncora que resistia às fortes investidas dos ventos no costado do barco, me preparei e aguardei até a madrugada do dia seguinte para partir. Os ventos tinham diminuído bastante, especialmente a partir das quatro da madrugada. A essa hora, a pequena vila à beira-mar permanecia silenciosa. Nem mesmo os pescadores do porto local tinham colocado seus barcos na água para irem em busca dos cardumes.

Liguei o motor, recolhi a âncora e, lentamente, deixei meu ponto de apoio dos dias anteriores passando por alguns barcos ancorados ao meu lado, que estavam desabitados. Parecia não existir uma alma sequer desperta além de mim. E, por causa do escuro da noite sem lua, as encostas do Promontório de Sagres se pronunciavam de maneira vertiginosa sobre o mar soturno. Eu mal podia acreditar que faltavam poucas milhas náuticas para chegar ao meu destino em Lisboa. Foram muitas situações vividas desde que comprei a Eileen e ela mostrou-se muito valente em todos os momentos. Quando iniciei a viagem em Barcelona, eu sabia que enfrentaria algumas provações até conhecer melhor o meu barco. Mas eu não poderia imaginar os caminhos de que eu precisaria percorrer até ganhar confiança para navegar.

Enquanto o veleiro se deslocava lentamente ao comando do piloto automático, tracei a rota no GPS e a estimativa que o computador me dava até Lisboa era de aproximadamente dezoito horas de navegação. Até lá eu precisaria me manter ocupado com as atividades do cotidiano como em um dia qualquer. De toda maneira, em ambos os casos — atracado ou velejando —, a vida deve seguir uma rotina normal e assim eu pretendia passar o tempo de navegação até Lisboa.

Ao contrário do que eu podia esperar, o Cabo de São Vicente estava bem calmo nessa madrugada. E dobrar a "esquina", no extremo sudoeste de Portugal, foi bem mais tranquilo do que eu imaginava. Somente as luzes das vias públicas das cidades litorâneas e o farol, a 86 metros de altura no topo do Cabo de São Vicente, me indicavam a referência com o continente. O resto era escuridão e calmaria. Por isso naveguei assistido pelo motor ao menos até às onze da manhã, quando decidi tomar uma ducha e, em seguida, almoçar. Apesar do Atlântico se apresentar com poucas ondas nas primeiras horas do dia, precisei tomar banho sentado no vaso sanitário para não escorregar enquanto o barco se deslocava rumo ao destino. Como o motor ficou funcionando por algumas horas até ser desligado e as velas serem abertas, a água que saía do chuveiro fervia, porque o *boiler* pode ser aquecido também com a troca de calor com o motor.

Descer para o interior do barco com a Eileen navegando apenas no piloto automático me deixava preocupado todas as vezes em que eu precisei me ausentar do comando do veleiro. Nas primeiras ocasiões eu tentava ser o mais rápido possível com o que eu necessitasse fazer a bordo. Com o tempo fui me acostumando com a ideia de que eu podia (e precisava) ficar ausente por alguns minutos. Mesmo assim, não parei de considerar essa confiança que eu dedicava ao barco em nenhuma das vezes que "abandonei" meu posto de comando. Depois do banho, preparei uma salada com os ingredientes que eu havia comprado na última ancoragem e fui para o *cockpit* acompanhar a navegação. Infelizmente, a belíssima Costa Vicentina é muito desprotegida, com o mar a castigar suas praias. Assim, preferi me manter afastado das ondulações à beira-mar e dos perigos de rochas submersas.

Terminado o almoço, fui me deitar no *solarium*, na proa do barco, para tentar cochilar um pouco. Como não havia barco algum em rota, programei o alarme do meu celular para me despertar a cada vinte minutos, entre uma soneca e outra. Desse modo, fui descansando por pelo menos cinco horas, até passar pela cidade de Sines e depois cruzar o Cabo Espichel, na costa da Arrábida, já mais próximo da entrada de Lisboa pelo rio Tejo. A cada minuto escoado, minha ansiedade pela chegada, prevista para o período da noite, aumentava. Um pouco antes de avistar a entrada do principal rio de Lisboa, tive um encontro surpreendente com o único barco navegando nas mesmas águas que eu.

Destacado no horizonte, bem na direção para onde eu apontava a proa do meu veleiro, avistei quatro mastros de uma embarcação. De longe julguei que ela tivesse pelo menos três vezes o tamanho do meu veleiro. Aquela visão, depois de tantas horas navegando sozinho, se apresentou como um bom presságio. Conforme eu me aproximei da embarcação, pude ler o nome "Creoula" escrito em azul-escuro em seu casco branco. Como eu já navegava próximo à região metropolitana de Lisboa, consegui sinal de celular suficiente para acessar à internet e pesquisar sobre aquele distinto barco. Não seria difícil conseguir informações sobre um veleiro de quatro mastros em Portugal. Fiquei extasiado ao descobrir que o imponente navio no alcance dos meus olhos pertencia à Marinha Portuguesa, a mais antiga do mundo (criada em 1317), e servia à nação no treinamento de jovens marinheiros que ingressam na vida militar. Encantado com aquele encontro, saquei minha câmera para registrar a embarcação e, imediatamente, postei a foto em minhas redes sociais, fazendo referência à força naval lusitana. A surpresa que eu tive algumas horas depois desse encontro foi receber em minha postagem uma mensagem dos administradores da rede social da Marinha Portuguesa, que continha uma emblemática frase, comumente utilizada pelos marinheiros portugueses quando desejam uma boa navegação aos seus colegas: "Mar chão e ventos de feição. Saudações navais".

Fiquei incrédulo com a resposta e me dei conta de que não poderia ter sido mais bem recebido em Lisboa do que com esse encontro e uma saudação tão especial da marinha mais antiga do mundo. Quando os portugueses se lançaram à conquista dos horizontes desconhecidos, criaram uma flotilha naval jamais vista e, dessa forma, fundaram a primeira marinha do mundo. Definitivamente eu chegava ao berço dos grandes navegadores em grande estilo, ainda mais com a recepção e os cumprimentos dos herdeiros das navegações portuguesas pelo mar oceano.

Ao cair da noite, já próximo da foz do Tejo, comecei a avaliar as condições do mar à minha frente e as opções portuárias que eu teria para aportar. Eu estava muito cansado depois de tantas horas velejando. Tudo o que eu mais desejava era colocar meus pés em terra firme na cidade de Lisboa, que se iluminava no horizonte. Dei um *zoom* na carta náutica do meu *tablet* e percebi que, para entrar no rio Tejo, eu teria que desviar de uma grande área de águas rasas e perigosas. Esse desvio me colocaria à bombordo do farol do Bugio, uma ilhota que sinaliza a entrada do principal rio português. Esse desvio aumentaria minha navegação em pelo menos mais uma hora até as marinas localizadas no centro da cidade. Aproei o barco para noroeste, ainda avaliando se eu entraria no Tejo durante a noite ou se buscaria uma outra opção para pernoitar. À medida que eu me aproximava da boca do rio, comecei a notar uma significante correnteza que me jogava de volta para o mar, como se o rio estivesse me cuspindo para fora. A Eileen derivava muito com a maré vazante, "lutando" contra a forte corrente para seguir a rota planejada. As luzes da ponte 25 de Abril me seduziam para seguir rio adentro. O cansaço físico e aquela forte correnteza, no entanto, me fizeram ponderar que talvez fosse melhor achar alguma marina por ali mesmo. Como alternativas eu tinha Cascais, mais a oeste, e a cidade de Oeiras, ambas um pouco afastadas de Lisboa, mas com profundidade suficiente para o calado do meu veleiro, como constava na carta náutica. Eu nunca tinha estado em nenhuma das duas cidades. Tampouco, conhecia os perigos nas entradas dessas marinas, que, durante uma aproximação noturna, exigiriam maior atenção. Acabei optando por me dirigir para Oeiras, por uma questão de proximidade e de menor tempo de navegação até sua entrada.

Eu continuava navegando "de lado" — ou como dizemos, "caranguejando" — para entrar na marina e precisei usar de muita perícia para controlar o barco na aportagem. Eu já estava quase lá e não podia relaxar nenhum segundo nesses minutos finais. Fui à frente do barco, joguei as defensas e verifiquei se os cabos de amarração estavam bem fixados nos cunhos para serem lançados ao píer. De volta à roda de leme e com o motor do barco em regime máximo de cruzeiro, venci, contra a corrente, os metros finais que faltavam. Quando passei pelo dique da entrada da marina, meu barco guinou com toda força à direita, me fazendo ter que manobrar de maneira brusca para não colidir com a parede de pedras. Esse susto se deu por causa das águas protegidas que, dentro da marina, não sofriam com a forte correnteza me empurrando. Meu coração saltou do peito com a tensão da situação e minha mão tremeu de euforia enquanto eu segurava o rádio para fazer contato com algum marinheiro que estivesse de plantão naquela noite.

— Marina de Oeiras. Marina de Oeiras. Aqui é a embarcação Eileen. Solicito apoio para amarração na sua marina — pedi auxílio pelo canal 09.

Passei a mesma mensagem por três vezes seguidas sem obter qualquer resposta e assim julguei não haver marinheiro disponível para me ajudar.

Se até aqui eu já sentia a exaustão da viagem, esses últimos momentos extraíram minhas forças finais. Atracar sozinho em uma marina desconhecida é ainda mais tenso do que velejar sozinho. Os riscos de uma colisão com outras embarcações atracadas ou um erro ao entrar em um canal sem profundidade suficiente nas áreas abrigadas exigem atenção e proficiência em um nível dobrado. Por sorte não havia vento naquela noite, o que me fez seguir confiante até achar uma vaga qualquer. Seguindo com a lentidão de uma pessoa rastejando, encostei no terminal do píer G, corri para lançar os cabos de proa e de popa e saltei do barco rapidamente para amarrar o veleiro. Minhas pernas tremiam de nervoso, mas, finalmente, eu estava com meu veleiro seguro e bem preso. Olhei em volta e me dei conta que não havia ninguém, nem mesmo uma embarcação com as luzes acesas que pudesse sugerir que houvesse mais alguém vivendo por ali. Voltei para dentro do meu barco, desliguei as máquinas, preparei para me banhar e jantei uma salada com queijos e presunto que eu ainda tinha a bordo. A satisfação que eu tive por ter realizado um dos trechos mais importantes da viagem até aqui foi recompensada com uma noite de sono sem igual, embalada pelo leve balançar da Eileen flutuando em Oeiras.

***

Apesar de ter sido um porto seguro depois de tantas horas velejando, Oeiras não estava nos planos. Definitivamente, ali não seria meu destino. Meu objetivo em Portugal era navegar pelo tão emblemático rio Tejo e procurar um estaleiro para instalar os painéis solares e o gerador eólico que me dariam energia limpa e renovável para o barco. Eu sabia, pelas pesquisas que fiz antes de adormecer na noite anterior, que encontraria esse serviço em um porto maior e mais central em Lisboa. Por isso, decidi que ao acordar eu iria até a marina do Parque das Nações, a duas horas de distância de onde eu estava.

— Veleiro Eileen. Bom dia — um senhor me chamava do lado de fora pelo nome do meu barco.

Já era quase meio-dia. O sono profundo me fez perder a noção da passagem das horas. Vesti uma roupa mais apresentável do que o pijama e fui receber quem me despertou. Era um dos marinheiros responsáveis pelo turno da manhã em Oeiras, que trazia consigo um saco de pão fresco, como um artigo de boas-vindas, e as informações para que eu desse entrada com minha documentação no escritório da marina. Achei aquela recepção com o pão fresco muito simpática, algo que não aconteceu em nenhum outro porto. Eu pretendia navegar até uma marina mais próxima do centro de Lisboa, portanto, dei entrada com os documentos em Oeiras, paguei pelas horas que eu havia ficado por lá e me preparei para seguir viagem.

Meu destino era a marina do Parque das Nações, um dos bairros mais novos de Portugal. Sua marina foi construída durante a grande revitalização da área, em 1998, em razão de um evento cultural que teve o propósito de comemorar os 500 anos dos Descobrimentos Portugueses. Anteriormente, essa região era conhecida pela poluição ambiental dos depósitos de lixo e combustíveis (gás e petróleo), refinarias, ferros-velhos e indústrias. Naquele ano, a paisagem mudou de maneira radical. Atualmente o bairro é uma das áreas mais valorizadas da capital de Portugal que, com sua arquitetura ultramoderna, se distingue de seu centro histórico e antigo.

Antes de fazer esse trajeto entre Oeiras e o Parque das Nações, telefonei uma vez mais ao meu amigo Pedro Martins. Combinei de nos encontrarmos em uma das docas ao lado da Torre de Belém e do Padrão dos Descobrimentos, monumentos que homenageiam os grandes navegadores portugueses da era de ouro das navegações. Pedro topou embarcar no posto de combustível de embarcações situado na doca e eu segui navegando pelo Tejo ao seu encontro. Era uma enorme alegria entrar por esse rio que figurou nos meus pensamentos durante toda a viagem até Lisboa. O dia de sol quente, sem nuvens, com apenas uma brisa vinda do Norte, enfunavam as velas, enquanto eu deslizava lentamente junto à correnteza do rio, que dessa vez era a favor do meu destino. Pedro só poderia me encontrar em uma hora e meia após nos falarmos, assim, não tive pressa em chegar ao local combinado e deixei o veleiro seguir seu ritmo com os panos um pouco folgados. A paisagem da cidade de Lisboa nesse belo dia, com a ponte 25 de Abril sobre o Tejo e a estátua do Cristo Rei na margem sul, me fizeram viajar geograficamente em meus pensamentos. A ponte pênsil encarnada se destaca na paisagem e faz lembrar, em muito, a mundialmente conhecida Golden Gate da cidade de San Francisco, nos Estados Unidos. Já o Cristo Rei me remeteu imediatamente ao Rio de Janeiro com sua estátua do Cristo Redentor no cume do Corcovado. Experiência única visitar uma cidade europeia e poder viajar, mesmo que por simbolismos, através dessas referências internacionais.

Entrando na doca onde o Pedro me encontraria, dei um bordo para me aproximar da margem do rio e joguei as defensas. Liguei o motor, baixei as velas e conduzi o barco com atenção, desviando-o dos diversos veleiros que compartilhavam as águas do Tejo comigo. Dentro da doca, um outro barco ocupava a bomba de combustíveis, atrasando minha aproximação. De longe, eu já podia avistar meu amigo encostado na grade à minha espera.

— Pedrinho! — gritei com a alegria de encontrar meu amigo brasileiro em uma cidade tão distante da nossa terra natal.

Pedro esboçava um sorriso maroto, um de seus traços mais característicos, e prendia o riso que ele só veio soltar quando eu finalmente atraquei o barco e nos abraçamos. Ele não me poupou da sua incredulidade bem-humorada em me ver comandando aquele veleiro de 44 pés (cerca de 13 metros) sozinho.

— Você é maluco, Max — disse ele se divertindo. — Eu não teria a disposição e a coragem que você tem para viver em um barco e fazer essa viagem sozinho.

Pedro e eu somos muito amigos, nascemos no mesmo mês — em anos diferentes — e, além de dividirmos a mesma profissão, já vivemos muitas coisas juntos, especialmente nos tempos em que dividimos o mesmo apartamento no Rio de Janeiro. Assim que nos cumprimentamos, dei as instruções para ele embarcar. A alegria por tê-lo a bordo era enorme e, para brindarmos o reencontro, Pedro trazia consigo uma garrafa de vinho português. Soltei as amarras e saímos navegando em direção ao Parque das Nações. Pedro era o primeiro amigo a visitar meu barco.

Para me exibir a ele, cacei as velas a ponto de deixar o barco adernar bastante com o vento e ele precisou se segurar onde pôde para não cair. As taças do vinho que bebíamos foram ao chão e, mesmo tendo entornado todo o líquido na madeira do meu veleiro, eu não me importei. Valeu a pena ver a cara de susto dele com a manobra. Aproveitamos o tempo da navegação até a marina para colocarmos o papo em dia e compartilharmos as novidades que cada um estava vivendo. Pedro residia há alguns meses em Lisboa, desde que tinha sido contratado para fazer parte do elenco de uma novela portuguesa em uma das principais emissoras do país.

— Pedro, pelo pouco tempo que estou em Portugal, tenho que confessar que você tinha razão quanto à qualidade de vida e à amabilidade das pessoas daqui.

Pedro era suspeito para falar, pois há muito tempo ele era fã dos portugueses. No meu caso, eu precisava reconhecer que eu havia subjugado o país antes de chegar. Minha admiração e apreço pela cidade só iria aumentar nos meses seguintes em Lisboa. Com tantos assuntos para falar, o tempo voou e mal percebemos que já estávamos na entrada da marina do Parque das Nações.

— Expo Marina. Expo Marina. Aqui é o veleiro Eileen. Solicito autorização para ingresso na marina.
— Veleiro Eileen, infelizmente estamos lotados e não temos vaga para o seu barco.

Antes de deixar Oeiras, eu deveria ter feito contato telefônico com a marina do Parque das Nações para saber da disponibilidade para me receber. Não imaginei que o porto poderia estar tão cheio. Avisei a Pedro que teríamos que voltar para Oeiras. Dei-lhe como opção desembarcar na mesma doca onde havíamos nos encontrado, mas ele topou seguir comigo ao porto do meu pernoite anterior. Ao chegamos, fizemos uso de uma garrafa de rum que eu tinha a bordo para apreciarmos o pôr do sol, e só depois disso, nos despedimos.

Por causa da indisponibilidade de uma vaga no Parque das Nações, percebi que o planejamento das coisas que eu precisava fazer no meu barco iria atrasar. A demora não me pareceu algo ruim, especialmente porque eu estava gostando muito da experiência em Portugal e já tinha um grande amigo com quem dividir uns copos pelos bares de Lisboa. Depois de trinta dias atracado em Oeiras, abriu-se uma vaga na Marina do Parque das Nações. Naveguei novamente para lá, dessa vez sozinho, onde eu tinha à minha disposição o estaleiro que faria a instalação dos painéis solares e do gerador eólico na Eileen. Eu só não esperava que os profissionais que eu viria a contratar demorariam tanto para fazer o serviço... ◾

CAPÍTULO X

ENTRE LIBELINHAS, ALFORRECAS E FURACÕES

Os dias em Portugal eram agradáveis em pleno verão europeu. Ter encontrado amigos depois de tanto tempo sozinho foi como voltar ao Brasil novamente, mesmo ancorado em terras lusitanas. Todos os dias eu tinha alguma coisa para fazer, alguém para encontrar ou para receber no meu barco. Assim, fui conhecendo mais da cidade e da vida social lisboeta.

Apesar de os serviços de manutenção e principalmente a instalação dos painéis ter começado, no tempo livre eu conseguia sair com o barco para navegar pelo rio Tejo ou pela costa mais ao sul de Lisboa. Na verdade, os atrasos do estaleiro que eu contratei eram um ótimo pretexto para eu ficar mais tempo em Portugal. Na marina do Parque das Nações, eu estava muitíssimo bem instalado, com mercado perto e acesso ao transporte público que eu usava regularmente para ir até o centro da cidade quando precisasse. Eu pegava a minha bicicleta elétrica, que comprei ainda quando estava na Espanha, e rapidamente me transportava para a vida social e noturna na cidade. Era assim que conhecia mais da cultura desse pequeno país, irmão do Brasil. Acabei por fazer novas amizades com portugueses, que eram amigos de amigos e até alguns casinhos com mulheres "tugas" eu tive. Eu não imaginava que a mulher portuguesa seria tão interessante e carinhosa, como foi o caso das que eu tive a sorte de conhecer. Achava que tais qualidades eram uma exclusividade das brasileiras. Mas não. Ao sair para jantar ou "tomar uns copos", como se diz em Portugal, aprendi um novo traço das belezas do país, seja pela natureza dos lugares que visitei, seja pelo encanto das mulheres que me fizeram companhia.

Quando eu estava na marina, me dedicava ao meu barco e trabalhava junto com os mecânicos responsáveis pela instalação dos painéis solares. Porém, muitas vezes eu acabava por me decepcionar com a falta de comprometimento do pessoal do estaleiro. Um dia em que os mecânicos não apareceram conforme o combinado, resolvi me enturmar com outras pessoas que também frequentavam os píeres da marina do Parque das Nações. Próximo de onde eu estava atracado com a Eileen, reparei que havia um grupo de rapazes de uniforme vermelho trabalhando continuamente. Eles navegavam com um pequeno barco de fabricação holandesa, muito leve e ideal para os canais de Amsterdã ou rios como o Tejo. Sempre que passava por eles eu os cumprimentava, até um dia em que eu resolvi parar e puxar papo com a curiosidade de saber o que eles faziam por lá.

— Nós trabalhamos no Tejo, levando turistas pelo rio até os pontos turísticos mais simbólicos de Lisboa — disse-me um deles.

— Interessante — comentei. — E é necessário ter alguma habilitação específica para esse trabalho?

— Não. Qualquer carteira portuguesa ou internacional para condução de barcos serve.

— E por acaso vocês precisam de mais alguém para trabalhar? — perguntei, aventando a possibilidade de me ocupar com alguma coisa, já que ainda não tinha previsão de sair de Lisboa com todo o atraso do estaleiro.

— Bem, a empresa é nova, tem apenas dois meses. Mas podemos te apresentar a pessoa responsável pela área de contratação. Você seria o interessado?

— Sim! Eu mesmo — respondi animado com a ideia.

Na manhã seguinte, enquanto eu assistia tevê em meu barco após o "pequeno almoço", como se chama o café da manhã em Portugal, ouvi alguém chamar pelo meu nome do lado de fora. Era um dos rapazes do dia anterior, acompanhado por uma brasileira de 30 e poucos anos, Gabriela, que se apresentou para mim e foi direto ao assunto. Eu só não esperava que a oferta para me juntar aos rapazes fosse surgir tão prontamente. É que a empresa estava investindo bastante na implementação dos trabalhos, parecia que eu teria uma oportunidade imediata de me envolver com a atividade turística em Lisboa e ocupar meu tempo livre.

— Max, se você tiver disponibilidade, pode começar na próxima sexta-feira. Nossas atividades ainda estão no início, mas já temos demanda para montar uma nova equipe para o segundo barco que chegou essa semana — disse Gabriela.

Na sexta-feira pela manhã, no horário combinado, eu me dirigi ao pequeno barco holandês que estava atracado a 40 metros do meu e aguardei a chegada do outro tripulante para iniciarmos o expediente. Era o meu primeiro dia e, por mais que não tivesse experiência com turismo, me sentia empolgado com a ideia de ter uma atividade remunerada que ajudasse a passar o tempo nos dias de nenhum serviço no meu veleiro. Além disso, pilotar aquele barco holandês de 260 cavalos de potência me parecia ser uma diversão à parte.

Yuri, o outro marinheiro que dividiria comigo a responsabilidade de conduzir o barco de número 2 da empresa, chegou pontualmente ao píer. Depois de prepararmos a embarcação, saímos navegando pelo rio para encontrar o restante da equipe que estava no barco 1. Nesse primeiro horário da manhã, o Tejo parecia um tapete de tão liso e a velocidade que atingíamos em cruzeiro chegava a 52 milhas por hora (83 quilômetros por hora) sobre o espelho d'água, muito diferente do que eu estava acostumado com meu veleiro que cruza as águas a 7 nós (cerca de 12 quilômetros por hora). O ponto de encontro das equipes era em um píer na frente do Cais do Sodré. Esse é o principal terminal de passageiros em Lisboa, que converge rotas ferroviárias, de superfície e subterrâneas, com ligação fluvial entre as balsas que conectam a margem sul e norte do Tejo. A chegada desses velozes barcos de passageiros costuma causar ondas irregulares na beira do rio quando eles desaceleram, empurrando de encontro à margem tudo que estiver boiando em seu caminho. Eu mal tinha me acostumado com o novo barco quando fui surpreendido por uma onda do *ferry* na hora de atracar. A despeito do máximo cuidado que eu tomei ao me aproximar do local de embarque e desembarque, acabei por bater com a popa do barco que eu comandava na escada do píer, causando um arranhão considerável no costado. Os tripulantes da equipe do barco 1 presenciaram minha colisão. Olharam-me assustados, desconfiando da minha habilidade como capitão. Yuri poderia ter me dado algum toque de como proceder naquelas condições, mas o estrago já estava feito... E justamente na primeira manobra de atracagem do meu primeiro dia de trabalho, aos olhos de toda a equipe e, o pior, com Gabriela, gerente da empresa, supervisionando tudo a partir do píer.

— Max, é melhor você deixar Yuri levar o barco até a bomba de combustível do outro lado do rio — disse Gabriela, que provavelmente desconfiava da minha proficiência e capacidade em conduzir o barco da empresa.

Essa colisão poderia ter abalado meu orgulho, afinal, eu não tinha feito uma boa atracagem. Mas, nesse momento, passou pela minha cabeça todo o trajeto que eu tinha feito sozinho — de Barcelona até Lisboa — com o meu veleiro, então permiti que o constrangimento que eu passei durasse o suficiente para que eu aprendesse com esse primeiro desafio, mas não me desanimasse. No fundo, eu deveria ter recebido um treinamento específico antes de assumir o comando daquela nova embarcação. Entretanto, dos males, o menor. Era só um leve arranhão no ego ferido e um pequeno "ferimento" no barco. Conforme orientação da Gabriela, passei o controle do barco para Yuri.

Com as duas embarcações reunidas e com as equipes a bordo, soltamos as amarras e seguimos navegando pelo Tejo até a bomba de combustível no outro lado do rio, na margem sul. Era a primeira vez que a empresa abastecia os tanques naquele novo posto e nenhum dos marinheiros tinha experimentado atracar no local. Na realidade, nós mal sabíamos onde seria a atracagem.

— Seria esse o píer? — Yuri perguntou.

— Acho que não — Gabriela respondeu observando as opções de atracagem na margem sul.

— Você acha que pode ser aquele outro? — Yuri, que continuava navegando, não parecia muito otimista.

— Também não — Gabriela continuava a procurar. — Mas acho que pode ser aquele.

Finalmente encontramos a área do abastecimento previsto. Mas a bomba de combustíveis ali era destinada ao abastecimento de navios cargueiros, que, por causa da altura de seu costado, tinham maior facilidade para atracar no píer de colunas altas para o qual Gabriela havia apontado. Com dúvida de como atracar, reduzimos o motor a alguns metros do local para avaliar como faríamos a nossa aproximação.

— Esse píer é muito alto — reconheceu Yuri.

— Teremos que nos manter afastados para não nos chocarmos contra os pilares enquanto enchemos os tanques — complementei, me lembrando da minha atracagem anterior malsucedida.

O posto de abastecimento tinha o diesel mais barato de Lisboa, por isso a empresa relevou os riscos da atracagem no local, priorizando a economia que seria feita nas operações com os turistas. Nós não tínhamos outra escolha a não ser cumprir o que nos cabia, então nos pusemos a trabalhar em conjunto para encostar com o máximo cuidado no píer destinado aos cargueiros, deixando os cabos de amarração um pouco folgados para evitar qualquer tensão e uma colisão inesperada.

Com muita dificuldade, amarramos os dois barcos um ao lado do outro. Mas, mesmo a pouca ondulação das águas do Tejo já era capaz de fazer com que as embarcações ficassem praticamente incontroláveis sem o seguimento do motor. Para ajudar, posicionei-me na proa do barco que eu tripulava. Com a metade do corpo para fora, tentava defender o costado contra o píer. Foi durante uma esticada de corpo maior que um rasgo de uns 10 centímetros se abriu na parte de trás da minha calça, expondo minha cueca para o restante do grupo. Não tive jeito de esconder aquele buraco na minha "popa", pois eu precisava me manter naquela humilhante e ingrata posição até terminarmos o perigoso abastecimento. Do alto da plataforma, os frentistas da bomba de combustível observavam incrédulos toda aquela atrapalhada manobra e tentavam, sem muito êxito, nos orientar. Só para amarrar os dois barcos no píer demoramos aproximadamente quarenta minutos.

— Pessoal, vamos tentar acelerar o abastecimento. Perdemos muito tempo nessa atracagem e já nos

atrasamos para a primeira viagem que deve ser inicia-
da na doca ao lado da Torre de Belém — informava
Gabriela, agilizando para despachar o barco em que
eu estava para o ponto onde os turistas aguardavam e
que havia sido o primeiro a ter o tanque preenchido.

Gabriela pagou pelo combustível que foi abastecido e pediu que Yuri e eu não perdêssemos mais
tempo. Ela ficaria ali para acompanhar o abastecimento da segunda embarcação da empresa.

Com a calça rasgada e suado depois de toda a
correria no abastecimento, pedi a Yuri que me deixasse pilotar o barco até o encontro dos nossos primeiros clientes daquela manhã. Eu precisava me redimir
da primeira atracagem que havia feito, mesmo que
Gabriela não estivesse observando. Cruzamos novamente o rio em menos de dez minutos navegando em
potência máxima e, dessa vez, consegui "estacionar"
nosso barquinho com perfeição. Com os turistas a
bordo, seria Yuri a conduzir a embarcação e eu faria
o trabalho de apoio ao capitão, soltando os cabos e
auxiliando no que mais fosse preciso. Após o embarque do grupo de oito espanhóis, comecei a passar as
instruções de segurança aos passageiros:

— Sejam bem-vindos a bordo — improvisei.
— Nós temos coletes para todos. Eles estão disponíveis nos paióis da embarcação. Os senhores deverão

permanecer sentados durante todo o tempo e nossa viagem será de dez minutos entre a doca de Belém e o Cais do Sodré. Ao longo do percurso, Yuri e eu contaremos um pouco da história dos principais pontos turísticos a serem observados a partir do Tejo. Temos apenas um problema... — esperei pela reação do grupo. — Há um furo no barco.

Nesse momento, todos os passageiros que estavam empolgados com o passeio no rio me olharam assustados e aguardaram calados até que eu terminasse o que tinha para dizer. Diante da apreensão deles, eu me virei de costas e apontei para o rasgo na minha calça, dizendo que o buraco não ofereceria perigo para a navegação. Yuri me olhou sem acreditar no que eu havia acabado de fazer, mas cedeu o riso junto com os turistas que se divertiram com a minha brincadeira.

Soltamos as amarras e seguimos viagem enquanto eu contava algumas curiosidades históricas de Lisboa que, a essa altura, eu já sabia bem, como a data e ano da construção da Torre de Belém, o motivo de a ponte 25 de Abril levar esse nome e a simbologia do Padrão dos Descobrimentos. Essas foram algumas das informações que eu forneci sobre os principais monumentos arquitetônicos da paisagem que encantava os nossos visitantes. Yuri acelerou a embarcação e eu coloquei música típica portuguesa nos alto-fa-

lantes do barco para os passageiros que se empolga-
vam cada vez mais com a velocidade e a descontração
com que nós fazíamos o trabalho. Ainda que o início
do dia tenha sido quase catastrófico, eu completava
a minha primeira experiência como marinheiro em
um barco turístico no rio Tejo em grande estilo. Apesar de minha calça rasgada.

Exerci a atividade de marinheiro durante três
meses, até o momento em que a empresa decidiu diminuir as viagens no inverno e eu perdi meu passatempo das horas vagas na marina.

**

Com a chegada do clima mais frio e sem o trabalho, minha rotina mudou bastante. Mesmo com
todo o conforto do meu veleiro, viver na marina era
ter que lidar com as intempéries do clima e a variação meteorológica. Com as temperaturas mais baixas, a chuva, e os ventos mais fortes do outono, eu
acabei passando os dias em Lisboa protegido dentro
do meu barco e evitava sair a todo custo. Mas, às vezes, eu precisava ir ao mercado ou à lavanderia da
marina para manter as coisas da "casa" funcionando
normalmente. E apesar da estrutura de metal, onde
eu montaria os painéis solares e o gerador eólico já
ter ficado pronta, o clima não ajudava para que as
peças fossem finalmente instaladas.

Foi em um desses dias que minha bicicleta elétrica, que deixei estacionada no píer ao lado do meu barco, desapareceu misteriosamente. Pensei que alguém pudesse ter roubado meu principal meio de transporte urbano, mas algo também me dizia que o vento poderia tê-la derrubado na água. Meu *feeling* estava certo. Com a ajuda de um gancho bem comprido, consegui encontrá-la e trazê-la à superfície novamente. Como a variação das águas no Tejo é grande (aproximadamente 3 metros e 80 centímetros), esperei a maré baixar para, literalmente, pescá-la do fundo de lodo dentro da marina. Infelizmente todo o sistema elétrico se perdeu com o contato com a água salobra, me obrigando a adaptá-la para um sistema de troca de marchas mecânico, igual ao de uma *bike* convencional.

Porém, foi durante uma tempestade mais forte que eu tive que me manter ainda mais protegido e realmente preocupado com a segurança do meu veleiro, mesmo atracado na marina. O que estava por vir era algo que eu ainda não tinha experimentado, muito menos dentro de uma embarcação. Todos os noticiários na tevê e nos jornais alertavam a comunidade portuguesa sobre a aproximação de um furacão de nome Leslie. Eu jamais tinha passado por uma situação semelhante. Por uma questão de posição geográfica, o Brasil, onde eu sempre vivi, não é acometido por esse tipo de formação climática. Mas uma coisa me intrigou quando li o nome Leslie no jornal: por que seriam usados nomes próprios para denominarem os furacões? E, ainda: por que os nomes femininos são os que mais me vêm à memória quando me lembro de tempestade? A resposta para essas duas questões eu acabei por encontrar na internet enquanto aguardava a chegada da Leslie.

Mas, antes de pesquisar sobre o assunto e me abrigar a bordo da Eileen, eu me certifiquei de que todos os cabos de amarração estivessem bem caçados, que meu bote auxiliar fosse colocado sobre o *deck* na proa do meu veleiro (e também estivesse bem seguro) e que todas as defensas fossem jogadas no costado de boreste, lado em que meu barco estava encostado no píer. Os marinheiros passaram para se certificarem de que os moradores da marina — havia umas oito embarcações habitadas — estavam cientes dos perigos que poderiam ocorrer com a tempestade e ajudar com o que cada um necessitava. Muitos amigos, do Brasil e de Lisboa, me telefonaram preocupados para saber se eu ia ficar bem e se eu não queria sair do barco para me hospedar em terra firme. Respondi que eu estava tranquilo e que "um capitão nunca abandona a sua embarcação". Três das "ficantes" que eu tinha nessa época em Lisboa também me ofereceram o aconchego e a segurança dos seus lares, mas eu preferia enfrentar a tempestade junto da Eileen. Eu tinha certeza de que não haveria problema se eu optasse por sair do barco. Eu quis permanecer ali, pois, caso algum cabo se soltasse, eu precisaria acionar o motor para navegar e evitar um acidente com outro barco atracado no Parque das Nações.

Algumas horas antes do horário previsto de chegada da Leslie, os ventos já sopravam acima do normal na capital portuguesa. No entanto, eu precisava ir ao mercado para comprar algumas coisas para o jantar. Tive que enfrentar a chuva que açoitava meu rosto quase na horizontal. Comprei uma garrafa de rum que poderia servir de sonífero caso o balanço do barco provocado pelos ventos fosse um incômodo que não me deixasse dormir. Voltei à Eileen, coloquei uma boa música clássica na caixa de som, preparei minha comida e, depois do banho tomado, fui pesquisar sobre os nomes dos furacões.

É curioso pensar que a composição física do nosso planeta seja tão semelhante ao organismo dos seres humanos. Isso me fez pensar que essa poderia ser a relação dos nomes próprios para os fenômenos naturais terrestres. Afinal, é sabido que a superfície do planeta Terra é composta de 70% de água, assim como no corpo humano que também corresponde ao mesmo percentual de líquido. Também há estudos que comprovam a relação da variação da Lua com o humor das pessoas, tal qual acontece com as marés, já que somos feitos majoritariamente de água. Mas por que os meteorologistas são tão aficionados com o sexo feminino na hora de apelidar uma tempestade?

Nas minhas pesquisas acabei encontrando diversas informações a respeito. Alguns sites independentes diziam que os nomes vinham da lista de pessoas mortas no trágico acidente que vitimou centenas de pessoas quando o Titanic veio a pique... Outras páginas, também de pouca credibilidade, diziam ser homenagens a pessoas importantes ou políticos. Enfim, encontrei algo que me fez sentido e que estava referenciado por um cientista da OMM (Organização Mundial de Meteorologia). O artigo informava que usar nomes próprios nas tempestades teria o propósito de fazer com que as pessoas se lembrassem com mais facilidade de cada evento e não gerasse confusão entre um e outro, caso a denominação dos furacões fosse feita por números, siglas ou outros termos técnicos. Para mim, fez total sentido essa associação personificada, pois eu me lembro bem do Katrina e do Irma, por exemplo, que nos Estados Unidos fizeram grandes estragos, respectivamente em 2005 e 2017. Mas o porquê dos nomes femininos serem os mais lembrados, apesar de existirem furacões "masculinos", foi algo que eu não poderia imaginar. Em minhas pesquisas, descobri que, durante a Segunda Guerra Mundial, o exército americano foi o primeiro a usar nomes de pessoas para as tempestades e que, naquela época, os responsáveis pelo aviso de furacões preferiam usar nomes de suas namoradas, esposas ou mães. O hábito se tornou uma regra e, só em 1970, nomes masculinos foram acrescentados à lista. Bebendo o rum durante a leitura, acabei adormecendo ao balanço do barco que não passou de um constante ninar nos braços da Eileen.

De manhã, acordei assustado por ter dormido no sofá da sala. A garrafa de rum estava pela metade em cima da mesa. Desembarquei para ver os danos que a Leslie teria causado no meu barco ou nos arredores da marina. O céu estava limpo como um cristal, sem nenhuma nuvem ou indícios da tão preocupante tempestade da véspera. Apesar de haver muitas folhas e galhos arrancados das árvores por toda a água, não notei nada mais de diferente. Meu veleiro ainda flutuava e permanecia do mesmo jeito que eu havia deixado quando me recolhi para o seu interior. Resolvi acessar os sites de notícias para saber se algo mais destruidor teria acontecido na cidade. Todavia, pelo que foi divulgado, a Leslie desviou seu caminho para o norte do país. Ela perdeu força sobre a área continental e, consequentemente, poupou a capital portuguesa de grandes transtornos.

Como os impactos foram menores do que se esperava, recebi poucos telefonemas dos amigos que estavam preocupados comigo e que, mesmo assim, desejavam saber como eu tinha passado a noite anterior a bordo do meu veleiro. Para alguns, contei que havia adormecido depois da garrafa de rum e que nem tinha sentido os ventos; para outros, inventei uma história de que tinha sido uma noite difícil e que, se eu não estivesse de prontidão no meu posto de comando, poderia ter naufragado... Claro que no final eu desmenti as minhas invencionices, porque eu não conseguiria sustentar a piada já que as notícias eram bem claras quanto ao abrandamento da tempestade. Entretanto, das minhas "namoradinhas", só mesmo uma me ligou de volta para saber como eu estava. Foi com ela que eu passei mais tempo enquanto estive em Lisboa. Já o nome dela, ou os nomes das outras "ficantes", eu não posso revelar... Atribuo-lhe o pseudônimo de Leslie para não expô-la aqui. Foi ela que me ensinou que "alforreca" é água-viva e "libelinha" é libélula, além de outros termos da língua portuguesa que são diferentes no Brasil.

***

Portugal já passou por algumas provações climáticas severas em sua história. A de que se tem maiores registros aconteceu em 1755, quando um grande abalo sísmico no litoral de Lisboa destruiu boa parte da cidade. O que aconteceu depois do tremor de terra que derrubou construções e fez edifícios inteiros arderem em chamas foi um tsunami de ondas que podem ter atingido a altura de até 20 metros, segundo registros da época. Navegando pelas águas do Tejo, é assustador imaginar todo esse volume de água entrando do mar pelo rio e causando tamanha destruição. Um dos principais símbolos da reconstrução da cidade é uma das áreas em que eu mais gosto de caminhar ou navegar próximo: a Praça do Comércio. Foi ali em frente que meu barco quase foi jogado contra as pedras, quando o motor parou de funcionar em um dia de navegação com poucos ventos. Como eu tinha tido a experiência de trabalhar naquele barco holandês com os turistas meses antes, acabei por conhecer mais das histórias que marcaram Portugal e a importância de certos sítios na cidade.

E foi em uma tarde qualquer quando eu trabalhava no meu barco que Bobby, um vizinho alemão que também morava na marina, chegou até mim para pedir um favor. Ele tinha combinado de levar uma família de ingleses para passear no Tejo e, em razão de um problema no banheiro do seu barco Karolina, preferia não realizar a viagem.

— Claro que eu posso te ajudar, Bobby — concordei que eu poderia utilizar meu barco para fazer o passeio com os turistas. — Diga a eles que eu estou à espera.

Eu nunca havia levado pessoas que eu não conhecia para navegar no meu veleiro, mas, para não deixar meu vizinho na mão, resolvi aceitar ter "estranhos" a bordo. Os turistas vieram até meu píer e eu apresentei a Eileen, com todos os seus procedimentos de segurança para soltarmos as amarras. Parece que foi de propósito, só porque eu estava com estranhos, que no meio do passeio o motor veio a parar completamente. Estávamos em frente à Praça do Comércio. Eu contava as curiosidades por mim conhecidas sobre Lisboa aos ingleses. O pôr do sol mostrava-se muito agradável nesse final de outono. Mas, como eu navegava muito próximo à margem, as pedras submersas se tornaram uma grande ameaça, já que o barco perdera propulsão do motor e eu fiquei à deriva. Eu já tinha passado pela mesma situação outra vez, quando estava sozinho na costa da Espanha. Entretanto, aquilo não podia acontecer com desconhecidos durante uma rotineira saidinha pelo rio lisboeta.

A primeira coisa que pensei foi que eu não poderia me desesperar diante de minha "tripulação". Resolvi subir as velas para ter algum seguimento com a brisa que vez ou outra soprava e, assim, evitar a correnteza que nos empurrava para a margem. Quando me afastei um pouco do perigo, desci à casa de máquinas com o barco navegando no piloto automático para tentar, sem sucesso, sangrar a linha do motor e fazê-lo funcionar. Confesso que, com certa apreensão, precisei assumir que estávamos em emergência e tentar controlar os ânimos de todos, especialmente das crianças inglesas que ficaram agitadas com aquela situação inesperada. Por mais que tivéssemos os "panos" postos, os ventos eram mesmo muito fracos. Consequentemente, seria novamente um desafio entrar navegando na marina apenas com as velas e sem ninguém mais para me auxiliar na trabalhosa manobra. Nesse momento me lembrei do Bobby. Não hesitei em ligar para ele e pedir ajuda para que me rebocasse para o píer onde os turistas haviam embarcado. O problema no banheiro de seu veleiro não impediria seu barco de fazer isso. Bobby se prontificou a me ajudar imediatamente. Ele só precisava de um pouco de tempo para preparar sua saída e vir ao meu encontro. Apesar de o passeio ter saído um pouco do planejado, os ingleses ficaram menos incomodados com a situação conforme eu explicava que a solução não tardaria a chegar. E, afinal, eles estavam ganhando um pouco mais de tempo sobre o Tejo. Para distrair as crianças, comecei a contar histórias que eu sabia de piratas e servi alguns lanchinhos para mantê-los alimentados enquanto esperávamos Bobby.

A noite já se fazia presente quando avistamos as luzes de navegação, verde e encarnada, na proa do veleiro Karolina do Bobby. Eu havia passado uma localização (pouco precisa) para o alemão, e as chances de ele não me achar no meio do rio existiam. Mesmo com a dificuldade de me identificar na noite ele nos encontrou e, chamando pelo rádio, coordenamos como seria a aproximação e como passaríamos os cabos de amarração para o reboque. Bobby foi bem preciso nas instruções e conseguiu, girando o motor do seu veleiro, nos puxar rio acima. Depois de uma hora navegando rebocado pelo Karolina, conseguimos aportar com segurança na marina do Parque das Nações. Bobby usou de toda a sua perícia para passar pela apertada doca de entrada e liberar os cabos com precisão para que meu veleiro seguisse deslizando lentamente até tocar novamente o píer. Eu jamais seria capaz de descrever aqui o alívio que senti após trazer essas queridas pessoas com segurança para terra firme, com a ajuda do Bobby, é claro. Mais uma vez, o mar (rio, nesse caso) me testou e me mostrou o quão importante é ser um homem de controle em casos imprevisíveis. Eu faria o mesmo pelo Bobby se ele precisasse, pois assim são os homens do mar: somos sempre fiéis a quem nos ajudou um dia.

No final, os ingleses me agradeceram pelo passeio e foram embora felizes enquanto eu ainda refletia sobre o que teria feito o motor parar. Só no dia seguinte, descobri que durante a limpeza dos tanques, em Gibraltar, o marcador de combustível do meu veleiro foi instalado com os polos invertidos. Assim, quando o nível indicava *full* (tanque cheio), significava mesmo que já não havia mais diesel. O contrário também acontecia. Com o ponteiro no *empty* (tanque vazio), eu teria os depósitos abastecidos. Até hoje não mudei os polos dos sensores nos tanques por causa da dificuldade de acessar os medidores, mas, sempre que eu verifico o nível de combustível, me lembro do que aconteceu com a família de ingleses a bordo e da ajuda que Bobby me deu.

**

Com tantas experiências que fui absorvendo ao passar por essas várias dificuldades, a confiança e o meu conhecimento sobre barcos aumentava a cada dia. Alguns amigos interessados em se aventurar da mesma maneira que eu e comprar um veleiro para viver a bordo começaram a me consultar sobre os desafios e as vantagens desse estilo de vida. Cheguei a indicar Carlos, o corretor que me apresentou a Eileen na Espanha, para algumas pessoas. Se chegaram a fechar negócio ou se desistiram no caminho, não sei dizer. Mas Paulo, aventureiro que eu encontrei por acaso em Gibraltar, cumpriu sua promessa e me ligou quando a decisão de mudar do *motorhome* para um barco aconteceu.

— Max, você não vai acreditar... — anunciou Paulo empolgado ao telefone. — Comprei um veleiro em Valência! Preciso saber se você pode me ajudar a levá-lo até Barcelona.

Não consegui disfarçar minha surpresa com a novidade daquele rapaz e com a agilidade com que ele tomou a decisão de adquirir o seu veleiro. Desde que estivemos juntos, havia passado uns oito meses. Eu não imaginei que mudar de vida para ele seria um propósito tão urgente. Sua decisão foi tomada com tanto impulso que nem mesmo as carteiras necessárias para conduzir um barco ele tinha tirado. Por isso, ele pedia minha ajuda para essa primeira viagem.

— Claro que sim, Paulo — não hesitei em confirmar minha disponibilidade em auxiliá-lo, reiterando o que eu havia prometido em Gibraltar.

Mais ou menos na mesma época em que estive na Espanha pela primeira vez no ano anterior, embarquei novamente com destino à capital da mais tradicional *paella* espanhola. Desembarquei no aeroporto Pablo Picasso e tomei um táxi até o Real Clube Náutico de Valência. Quando cheguei em frente ao seu barco, o Vagabond III, Paulo já me aguardava com o motor ligado para partirmos. Eu só tive tempo de entrar no veleiro dele — um Beneteau de 47 pés de comprimento (cerca de 14 metros) —, deixar minhas coisas e entregar-lhe um singelo presente que eu havia comprado ainda em Lisboa. Tratava-se de um tapete com o escrito *Welcome Aboard*, que significa "bem-vindo a bordo" em inglês, que eu também tenho no piso de entrada do meu barco. Assim que nós nos cumprimentamos, deixei minha mochila na cabine que seria minha durante a navegação. Paulo pediu-me que fosse à proa do barco e que soltasse as amarras para partirmos. Posicionei-me e, com os cabos presos pelas mãos, aguardei o sinal para que eu soltasse a embarcação. Deveríamos ter feito um *briefing* de partida ou conversado mais sobre os detalhes do barco e nossa rota antes de soltarmos os cabos. Paulo, no entanto, estava tão ansioso que nem nos permitiu esse tempo. Meu amigo tinha acabado de comprar o veleiro e não tinha quase nenhuma experiência na área. Talvez ele nunca tenha tido a oportunidade de atracar ou sair com um barco de um píer. Ou, se tinha experimentado isso antes, não demonstrou proficiência na manobra.

Percebi que o novato estava um pouco atrapalhado na saída e lhe fui sugerindo a manobra, tendo que, praticamente, gritar as indicações lá da proa do veleiro por causa da distância entre nós. Nesse dia, o vento soprava forte, com rajadas de 28 a 30 nós, e a saída dependia da pronta atitude do comandante que, nesse caso, não estava preparado. Conforme deixamos o costado do barco a contrabordo na vaga onde Vagabond estava amarrado, o vento rapidamente nos empurrou.

— Paulo, dê marcha à ré com toda a força! — gritei da proa. — Vamos ter que sair de ré!

De tão afoito que o meu amigo estava, acredito

que ele não tenha nem processado a informação, deixando o veleiro ser levado junto com o vento para o outro lado da marina, onde havia outros barcos amarrados. Se tivéssemos utilizado o motor com as máquinas à ré, como eu tinha sugerido, teríamos evitado a colisão com a proa de três outros barcos atracados. O desespero do meu amigo ficou evidente quando nos chocamos. Percebi que eu teria que assumir o controle para tentar minimizar os estragos que causávamos à embarcação.

Pedi a Paulo que fosse a meia-nau e que tentasse proteger com as mãos e com os pés o barco. Paulo se esforçou ao máximo, mas já havíamos colidido e o que nos restava agora era apenas sair daquela situação ridícula e perigosa em que estávamos metidos. Apesar de toda a pressão de estar em um barco que não era meu e do show de horror que dávamos na marina de Valência, procurei manter o controle. Não adianta perder a cabeça diante das adversidades. Mas, a cada segundo que passava, Paulo aumentava seu desespero, pois, além de estar prestes a avariar seu bem recém-comprado, também colocou em risco embarcações de terceiros.

Pedi calmamente ao meu amigo que me ouvisse e que se concentrasse nas solicitações objetivas e diretas que eu lhe passava. Assumi o comando a partir da roda de leme e, antes de dar motor à frente, me debrucei na popa para me certificar de que não havia nenhum cabo embaixo do nosso casco que pudesse enroscar na hélice. Percebi que o leme estava travado em um cabo morto, como chamamos as cordas submersas das marinas, utilizadas para prender as embarcações. Solicitei a Paulo que me passasse o *crock* (gancho), me pendurei mais uma vez com o corpo para fora do barco, fazendo pressão no cabo para tentar nos livrar daquele "morto" que nos impedia de nos movermos. Com o barco livre, nosso objetivo agora era vencer o forte vento que continuava a soprar e nos empurrar contra os outros barcos. Pacientemente, consegui tirar a embarcação daquela situação adversa e constrangedora. Assim que voltamos ao meio do canal entre os píeres, pudemos relaxar e respirar mais aliviados. Paulo olhou em volta do seu barco e constatou que a antena do rádio e a base de um balaústre se tinha quebrado durante o abalroamento. Por muita sorte, porém, nenhum estrago nos outros barcos foi causado. Percebendo o estado desolado do meu amigo, procurei acalmá-lo sem fazer as críticas merecidas.

— Paulo, temos um longo caminho pela frente até Barcelona. Os estragos que foram causados não colocam o barco em risco. Então, vamos nos concentrar no que precisamos fazer e depois você conserta o que for preciso. Felizmente, foram apenas danos materiais no Vagabond. Ainda bem que nas outras embarcações não houve nada.

Paulo entendeu a mensagem e focou sua atenção no que deveríamos fazer dali em diante. O ocorrido em Valência foi uma dura lição, a qual ele precisou aprender por si só. Ter um barco requer muita prática e responsabilidade, tanto com as vidas dos que estão a bordo, quanto com os outros navegantes que dividem o mesmo mar. Abrimos as velas na saída da marina de Valência e, no caminho, ele me contou melhor quais seriam os seus planos e a história do seu barco recém-adquirido. Fiquei bastante intrigado ao saber que o ex-dono do veleiro de Paulo passou anos e anos se preparando para uma viagem transatlântica que jamais aconteceu. Por causa da perda da visão em um acidente durante as obras no Vagabond, o antigo proprietário precisou se desfazer do veleiro e dos seus objetivos marítimos. Que triste! Mas, talvez um dia, Paulo, com mais experiência, faça a viagem para a qual o Vagabond III foi preparado.

Após 29 horas de navegação, entre velas e motor, chegamos a Barcelona. Para mim, aquele momento tinha um simbolismo muito grande e, apesar de eu não voltar com a minha Eileen para sua "terra natal", como poderia ser mais emocionante, fiquei comovido por avistar no horizonte a mesma paisagem de quase um ano atrás. Não foi preciso dizer ao Paulo que os comandos do Vagabond estariam comigo para o ingresso e atracagem na vaga na marina de Port Olimpic. Depois do que passamos em Valência, ele já teria atribuído a mim a tarefa de capitanear sua embarcação. Trato feito e missão cumprida com sucesso, apesar das pequenas avarias que Paulo teria de reparar.

— Paulo, agora procura um bom curso de vela para que você possa tirar suas licenças e aprender a velejar. Eu te desejo mares calmos e bons ventos nas suas navegações. Qualquer hora nós nos encontramos em algum porto pelo mundo.

Meu amigo agradeceu-me pela ajuda e garantiu-me que iniciaria os estudos. Uma vez que meu voo de volta a Lisboa iria ser na manhã do dia seguinte, aproveitei a oportunidade para visitar meu amigo e vizinho na marina de Port Masnou, Tony Langosta. Já fazia algum tempo que nós não nos falávamos, então resolvi fazer-lhe uma surpresa. Passei no mercado municipal próximo das Ramblas, principal avenida de Barcelona, comprei duas lagostas e um espumante e entrei em contato com ele para não perder a viagem, caso ele estivesse ausente ou não pudesse me receber.

— Olá, Tony, quanto tempo! Tenho duas lagostas vivas e uma cava para encontrar esse amigo querido que fiz aqui em Barcelona. Você tem planos para o jantar?

Por sorte e como eu imaginava, ele estaria sozinho em seu veleiro. Então combinamos de nos encontrar para colocar o papo em dia e matar a saudade. Contei-lhe sobre todas as aventuras vividas até então e a mais recente experiência que havia passado com o brasileiro Paulo, motivo da minha imprevista visita. Tony ficou contente em me ver feliz e seguro com minhas navegações. Ele me contou dos seus dias a bordo e me disse que participava de regatas na costa de Barcelona e região. Assim, jantamos e nos divertimos até que eu o deixei novamente no Port Masnou.

Depois da breve, mas emocionante viagem entre Valência e Barcelona, voltei para Portugal a fim de cuidar das minhas coisas. Quem precisava da minha atenção agora era a Eileen, que eu retirei da água para a doca seca do estaleiro. Nesse tempo de aproximadamente dez meses em que meu veleiro esteve comigo, uma verdadeira horta de material orgânico se formou nas obras vivas do casco (parte do costado que fica submerso), se somando às 16 toneladas da formosa Eileen. ▪

CAPÍTULO XI

CRUZANDO UMA "POÇA" CHAMADA ATLÂNTICO

Meu barco estava suspenso e apoiado nas estacas da marina havia pelo menos quinze dias. Um procedimento previsto, pois já fazia quase um ano que eu o tinha comprado e, desde então, nunca havia limpado seu casco. O trabalho deveria ser realizado periodicamente para garantir que o barco tivesse um bom desempenho e já era tempo de fazer essa tarefa. Resolvi não contratar os serviços do estaleiro para isso. Eu já tinha gastado muito dinheiro com a compra dos painéis solares, do gerador eólico e da estrutura de suporte de aço inoxidável. Além disso, eu tinha perfeitas condições de fazer essa tarefa. No total, foram vinte e cinco horas gastas só para limpar todo o material orgânico que cresceu abaixo da linha d'água e outros três dias para passar a tinta venenosa que inibe a formação das algas e crustáceos, dando ao casco longevidade e proteção. Com uma espátula firmemente empunhada, eu fazia pressão para remover as cracas por completo. Se não fossem removidas desde suas "raízes", a tinta venenosa não se fixaria adequadamente. Só interrompi o trabalho quando uma chuva ou outra que caiu naquela semana me forçou o abrigo.

Foi em consequência de tantos dias no pátio do estaleiro que eu conheci, por acaso, um outro brasileiro que passava pela marina do Parque das Nações. Alberto "Beto" Silva vinha com seu barco desde a Noruega, acompanhado de um amigo que o ajudava nessa viagem até Portugal. Os dois navegavam para as ilhas Canárias, na costa da África, e fizeram escala em Lisboa, pois tiveram um problema com uma barra de metal que fixava o piloto automático ao leme. O conserto tinha que ser feito com urgência, pois Beto tinha prazo para chegar a Las Palmas e, para isso, ele conseguiu mobilizar a equipe do estaleiro para acelerar o reparo. Em seguida, Beto iria cruzar o Atlântico em um *rally* náutico para barcos de cruzeiro, junto com sua esposa, que o encontraria nas Canárias.

— Max, gostaria de te convidar a vir ao nosso píer para conhecer o veleiro antes de partir para o Sul — disse-me Beto.

— Claro, amigo. Levo um vinho — aceitei na mesma hora.

Como eu estava com a Eileen na doca seca, sem muito conforto, qualquer convite era motivo para não ficar abandonado nos fundos da marina. Toda vez que precisava dormir a bordo, tinha que escalar um andaime colocado na popa do meu veleiro; e também utilizar as instalações da marina para tomar banho. Cozinhar dentro da Eileen, nem pensar. Então, fui ao encontro dos dois para conhecer o barco em que iriam realizar a grande aventura de cruzar o oceano Atlântico. Beto me mostrou a Atena, seu tão amado veleiro — um Najad de 39 pés de comprimento (cerca de 12 metros), e me falou um pouco mais sobre suas experiências como velejador. Na verdade, ele é um sujeito conhecido no mundo da vela, pois detém vários títulos em campeonatos nacionais e internacionais. A mais importante de suas vitórias, sem dúvida, foi a de campeão mundial, conquistada na Holanda, seguida pela medalha de Ouro nos Jogos Pan-Americanos, no Equador. Mas, sua nobreza de campeão, eu só pude conhecer com uma resposta um tanto quanto simbólica à minha curiosidade quanto aos seus títulos esportivos:

— Beto, o que mais você conquistou na vela? — perguntei interessado nos prêmios.

— Amigos — ele me respondeu sem se vangloriar das suas numerosas vitórias.

A humildade daquele sujeito que eu acabava de conhecer era o traço mais forte de sua personalidade. Aparentemente, nós também iniciávamos uma amizade. Durante o tempo em que fui visitá-lo em seu barco, Beto me contou mais sobre seus planos de atravessar o Atlântico e as expectativas que tinha para a longa travessia. Eu fiquei encantado com sua paixão por barcos e pela grande disposição que ele demonstrava em realizar o feito em meio a tantos desafios, mas mantendo o sonho de todos que são apaixonados pelo mar: o de cruzar um oceano. A partir do mês seguinte, ele iria se juntar a outros barcos para participar do tal *rally* náutico. O *Atlantic Rally for Cruisers* (ARC) reúne aproximadamente 200 embarcações que, simultaneamente, atravessam o oceano todos os anos. Uma verdadeira celebração à vela oceânica e a oportunidade que muitas pessoas esperam para fazer a travessia.

Voltei à Eileen, que estava com as "patas fora d'água", imaginando como seria a travessia de Beto e sua mulher, ainda tentando compreender quais os desafios de passar tantos dias no mar sem contato visual com qualquer pedaço de terra. No dia seguinte, quando eu ainda trabalhava em meu barco, meu novo amigo veio novamente me encontrar, mas agora com uma proposta que me deixaria balançado:

— Max, estamos pensando em fazer essa travessia com três pessoas a bordo, mas ainda não temos a tripulação completa. Conversei com minha esposa e gostaríamos de te convidar para cruzar o Atlântico conosco. Se você puder aceitar nosso convite, é claro.

Eu estava completamente comprometido em finalizar os trabalhos no meu veleiro para poder voltar ao Mediterrâneo. Entretanto, aquela oferta era algo surpreendente e desafiador. Eu não poderia simplesmente descartar a oportunidade sem tentar organizar minha vida para me juntar a eles. Pedi a Beto que me desse algum tempo para que eu baixasse novamente a Eileen para a água e, assim que eu tivesse uma ideia de como seriam minhas próximas semanas, eu o contataria.

— Nós ainda temos alguns dias de navegação entre Lisboa e Las Palmas e, sendo assim, ficaremos aguardando a sua resposta. — Dessa forma, Beto me assegurou que eu teria algum tempo para pensar na proposta feita.

— Perfeito, Beto. Eu te informo assim que tomar uma decisão.

Após mais ou menos vinte dias de trabalho intenso e já com o casco limpo e pintado, finalmente a Eileen colocava seu pesado corpo novamente na água. Mais uma vez a manobra foi feita com o *travel-lift* pelo pátio do estaleiro, com o mesmo cuidado de quando a tiramos da água. Eu já não via a hora de voltar a habitar meu barco por completo: cozinhar, utilizar o banheiro sem ter que caminhar até os vestiários da marina. Enfim, viver em minha casa flutuante como já fazia há quase um ano. Tudo voltando ao normal e eu com a sensação cada vez maior de que eu me integrara por completo a esse estilo de vida a bordo.

Agora eu precisava ponderar o que eu faria pelos próximos meses: se tocaria meu barco de volta ao Mediterrâneo ou se aceitaria a proposta do Beto. Eu precisava ser bem coerente com meu propósito, pois fui morar na Europa para realizar minha expedição por águas internacionais e até então só tinha navegado por um "pequeno" trecho de toda a rota que desejava cumprir. Mas, ter a experiência de cruzar um oceano me parecia algo muito enriquecedor. Talvez, eu não teria essa oportunidade novamente tão cedo, ainda mais acompanhando um velejador mais experiente, detentor de conhecimento e títulos importantes na vela. Depois de cinco dias de boa navegação até as ilhas Canárias, Beto me enviou uma mensagem decisiva:

— Max, precisamos da sua resposta, pois temos que registrar a tripulação nos formulários da regata. Se você topar, seremos você, eu e minha esposa Sofia na travessia.

— Beto, está confirmado! Dentro de alguns dias pego um avião para me encontrar com vocês em Las Palmas. Até já, amigo.

***

Cruzar o Atlântico não é uma coisa corriqueira. Mesmo que o velejador tenha feito isso outras vezes, o preparo deve ser minucioso. Por isso os pré-requisitos de segurança são um ponto de muita atenção e uma exigência especial do comitê que organiza a travessia. Beto e Sofia já estavam tratando disso com muito cuidado quando cheguei a Las Palmas, em Grã-Canária, para me juntar a eles. Afinal, iríamos somente nós três a bordo. Eu havia combinado de me encontrar com o casal diretamente na marina, seguindo as indicações do píer onde a Atena estava sendo preparada.

— Max, essa é a Sofia, minha esposa — Beto fez as apresentações.

— Então, é você a desbravadora de oceanos de quem Beto tanto falou? — brinquei.

— Se ele te falou isso, então sou eu sim! — ela entrou na brincadeira, rindo pela ironia de ter menos experiência que Beto.

Aceitar fazer uma travessia de tantos dias em um lugar confinado — como é o caso de um veleiro — sem ter a opção de abandonar a viagem pode ser arriscado se não rolar empatia. Por sorte, descobri nos dois colegas muitas coisas em comum, especialmente o desejo por grandes aventuras. Sofia trabalhava havia nove anos na Organização das Nações Unidas para questões climáticas, em Haia, na Holanda. Além do trabalho bastante incomum, e por causa da sua curiosidade, ela já tinha viajado para alguns lugares bem interessantes deste mundo, especialmente para alguns países da África como Namíbia, Etiópia e Congo. Seu trabalho consistia em algo bastante burocrático dentro das Nações Unidas e, apesar de certa estabilidade no emprego, seu desejo era levar uma vida mais simples e mais conectada à natureza. Seu sonho ao lado de Beto era um dia viver embarcada, velejando e conhecendo novos lugares e culturas pelo mundo. Objetivos muito parecidos com os meus, que nos fizeram criar afinidade rapidamente.

Nós ainda tínhamos alguns dias de preparação pela frente em Las Palmas e participamos de vários seminários oferecidos pela equipe da ARC, com o intuito de aumentar a segurança do *rally* náutico. Algumas palestras foram ministradas no Real Club Náutico de Las Palmas: meteorologia, segurança a bordo, preparo de provisões, procedimentos de emergência, navegação astronômica, comunicação via satélite, além de teoria de como se comportam os ventos e as correntes no Atlântico. Também acompanhamos a simulação de um resgate feito por um helicóptero da guarda-costeira espanhola demonstrando como os velejadores seriam retirados do mar, caso houvesse um naufrágio durante a travessia. Mesmo com tantos compromissos e necessidades para a travessia, nós tivemos tempo de alugar um carro e rodar por alguns pontos turísticos dessa que é uma das ilhas de origem vulcânica mais importantes do arquipélago espanhol.

Após dez dias de preparo e com tudo pronto para partirmos, fui ao vestiário da marina tomar o meu último banho em terra. Na cafeteria local, pedi ao garçom um café com leite, adoçado com leite condensado, conhecido nas Canárias como *leche-leche*. Enquanto esperava, aproveitei para baixar algumas músicas para o meu celular, pois julguei ser importante ter uma boa seleção que eu pudesse ouvir *off-line*. Como íamos ficar sem comunicação pelos próximos vinte ou vinte e um dias, telefonei para meu irmão nos Estados Unidos. Ele me disse estar ansioso para me apresentar pessoalmente a minha sobrinha Chloe recém-nascida. Liguei também para minha mãe, no Brasil, e lhe assegurei que eu teria cuidado durante os dias no meio do mar. Felizmente, ela poderia acompanhar a nossa rota. Teríamos a bordo um transmissor de GPS que informaria precisamente a nossa posição no oceano em tempo real. Combinei com minha família de nos encontrarmos nos Estados Unidos após a travessia para conhecer a pequena Chloe e passar o final de ano juntos. Assim que terminei os telefonemas e depois de enviar uma centena de mensagens para meus amigos, voltei correndo para a Atena. Eu quase perdi a hora com tantos recados para enviar. Soltamos as amarras por volta de meio-dia, conforme combinado, para cruzar a "poça d'água" conhecida como Atlântico. ∎

CAPÍTULO XII
UM MUNDO DE ÁGUA

Acenávamos para as pessoas que estavam no píer norte da marina de Las Palmas enquanto a Atena se deslocava lentamente. Não havia rosto familiar ali, ninguém em especial que pudesse estar nos acenando, entretanto, retribuímos o carinho com os braços balançando no ar. Assim que saímos da marina, desligamos o motor e abrimos as velas para aproveitar os ventos de popa que sopravam do Norte. O Atlântico também se abria para nós e as rajadas superavam o que a previsão sugeria para o dia. Contudo, o início da navegação foi bastante confortável. Muitos barcos à nossa volta e outros mais no horizonte pareciam disputar um espaço à frente, como se cada um desses segundos a mais fosse garantir uma posição melhor no *rally*, cuja linha de chegada estava no Caribe. Alguns veleiros se aproximaram ao sabor da corrente e os tripulantes nos acenaram desejando boa travessia. O que esperar de um momento tão emotivo como esse? Avançávamos a cada milha, mas nossos olhos ainda estavam voltados para a ilha que aos poucos deixávamos para trás. Inevitável não perceber o abismo colossal que teríamos de encarar nos próximos dias. Mas, abismo mesmo, seria não partir.

Seguimos navegando pela costa leste da Grã-Canária. Essa pequena ilha no Atlântico era a última porção de terra que veríamos pelas próximas três semanas. Quando anoiteceu, a lua resplandecia na água como prata, com ventos leves e ar quente. Assumi o leme pela primeira vez na troca de turno com Beto. Agora o barco estava sob minha responsabilidade. Me concentrei em navegar no rumo 180 graus em busca dos *Trade Winds*, ou Alísios, que historicamente foram usados pelos navegadores e comerciantes do passado para viajar para as terras do Oeste.

Nas primeiras horas de navegação, escrevi no meu diário:

Precisei ajustar as velas para bombordo, pois o vento mudou a direção e baixou uns 4-5 nós. Terminei minha jornada somente às quatro e meia da madrugada e fui descansar. Pretendo dormir por seis horas com a expectativa de que Sofia possa ajudar Beto durante a manhã.

Após quinze horas de navegação não víamos mais a ilha de Grã-Canária. Sofia estava enjoada desde que perdemos a referência do horizonte, quando o sol se pôs. Ela tinha menos experiência que nós e, antes da travessia, só havia navegado em águas mais tranquilas nos lagos da Holanda. E, na manhã seguinte, Beto também passou mal após ajustar uma adriça (cabo que sobe as velas) no topo do mastro. Fazia frio e o mar estava cinzento devido ao céu nublado que contrastava com o primeiro dia de navegação.

O fato de Sofia enjoar com o balanço do barco se mostrou uma dificuldade maior para a tripulação. Os turnos de navegação tiveram que ser adaptados à sua disposição física. Combinamos então que ela faria somente as jornadas diurnas. Beto e eu passamos a nos dedicar às intermináveis noites solitárias no *cockpit*. Durante a vigília, o silêncio a bordo era total. Quem discursava era o mar. As ondas pareciam vocalizar repertórios humanos, tal qual o bufar de insatisfação de um senhor. Parecia que estávamos sendo testados pelo mar logo no início da travessia. Entretanto, como eu não imaginava o que esperar pela frente, confesso que não sentia medo, isso não me assustava. Eu sabia das minhas capacidades como capitão do meu próprio barco. E, para a travessia, eu contava com o conhecimento do Beto e com a participação da Sofia, mesmo que ela ainda estivesse se adaptando àquele ambiente hostil.

Como Beto não era adepto às panelas e Sofia passava a maior parte do tempo se esforçando para não enjoar, fui eleito o cozinheiro "chefe" da travessia. Para mim, essa era uma boa distração ao longo do dia. Eu acordava pela manhã e fazia um café para nós com torradas, biscoitos ou frutas secas. Havíamos abastecido muito bem a Atena antes de partir e, por isso, tínhamos sempre algo saboroso e nutritivo para comer. Os produtos perecíveis eram consumidos antecipadamente para que não estragassem. As frutas e os vegetais mais sensíveis ao tempo foram priorizados nos primeiros dias no mar. Com nossa geladeira elétrica pequena, não pudemos estocar muita proteína animal e derivados de leite. Contudo, isso não foi um problema, uma vez que tínhamos todo o Atlântico para pescar.

Ao longo dos dias, percebemos que os peixes tinham um horário específico para se alimentar. Apesar de jogarmos a isca sempre ao nascer do sol, os pescados vinham por volta das onze horas da manhã. O que nos ocupava e divertia por algum tempo. Beto tinha o costume de limpar os dourados que tirávamos do mar. No entanto, aprendi logo com ele como fazer o trabalho. Nas primeiras vezes eu ainda sentia um pouco de dificuldade, pois, além de ser um trabalho minucioso, o balanço no mar testava a minha paciência e habilidade com a faca afiada. Com o tempo, me aperfeiçoei nessa função.

Geralmente, após o jantar, deixávamos o barco todo às escuras. Apenas as luzes de navegação ficavam acesas para que pudéssemos ser vistos por outras embarcações no caminho. Nossa principal fonte de energia vinha de dois painéis solares móveis, os quais ajustávamos na melhor posição com relação ao sol para termos eficiência máxima. Porém, os painéis não davam conta de carregar as baterias por completo, sobretudo em dias nublados. Decidimos, então, desligar a maioria dos equipamentos eletroeletrônicos que não eram imprescindíveis. Sem o *plotter* e sem o radar funcionando, navegávamos com a orientação da bússola e das estrelas. E as noites eram lindas no meio do mar! Para me guiar, eu escolhia uma estrela qualquer, a qual eu colocava em perspectiva com a ponta da retranca como referência. Cheguei a escrever no meu diário de bordo:

> *Eu não sabia que astro era aquele. Não tinha como eu saber, pois ele não fazia parte de nenhuma constelação que eu conhecesse. Me lembro de O Pequeno Príncipe, de Antoine de Saint-Exupéry, que, quando voltou para a sua casa celeste, não indicou ao piloto qual seria o seu lar. Assim, todas as estrelas poderiam ser a sua morada. E, sempre que o aviador acidentado no deserto olhasse*

para qualquer uma delas, o principezinho
poderia estar lá. Dessa maneira, o céu todo
estaria sorrindo para ele.

Eu me pegava sorrindo à noite, contando as inúmeras estrelas cadentes que via no manto escuro sobre minha cabeça. Em uma das vigílias, pude observar dois meteoritos caindo simultaneamente e em paralelo. Em outro momento, vi uma *estrella fugaz*, como se diz em castelhano, deixar um enorme rastro em tom esverdeado e, depois de dois longos segundos, literalmente explodir no firmamento. O clarão desse fenômeno chegou a iluminar o meu rosto e as nuvens escuras no céu. Apesar de ter observado tantas estrelas cadentes, não desejei pedir nada, apenas agradeci. Me sentia completo por estar ali e pelo privilégio de fazer da minha vida uma grande aventura.

Todavia, apesar do encanto do céu noturno, as noites eram muito exaustivas. Logo no segundo dia de viagem notamos que o piloto automático apresentava problemas. Isso fez com que tivéssemos de estar sempre a postos na roda de leme, em um esforço que eu classifiquei como "desumano". Eu me sentava no *cockpit* com o corpo torcido e passava horas corrigindo o curso que precisávamos manter para chegar ao Caribe. Essa árdua tarefa era ainda pior em noites nubladas ou como no fatídico dia em que fomos acometidos por uma névoa de poeira do deserto do Saara suspensa no meio do mar. Navegávamos a 700 milhas náuticas da costa da África, ao norte de Cabo Verde, quando o céu se encheu desses pequenos grãos de areia vermelha e me fizeram perder a referência celestial. Descrevi no diário a sensação dessa forma:

Baseava-me pela bússola, mas como ela tinha um atraso na leitura, acabei por desviar o curso da rota. Conforme os ventos sopravam, faziam com que o barco orçasse cada vez mais. As rajadas eram de 29 nós e a média de vento era de 23 nós. Sequer havia outro veleiro próximo de nós no horizonte para servir de ponto fixo. Então olhei bem para o alto, onde pude ver o cinturão de Orion e outras estrelas também nítidas. Era quase impossível me basear em um ponto fixo tão a pino. A cada nova onda que me pegava pela popa, eu perdia novamente o rumo e o barco desestabilizava. Em alguns momentos, vi a ponta da retranca quase tocar a água com o veleiro adernando.

Quando me virei e mirei o horizonte, exatamente no rumo oposto ao qual seguíamos, vi o brilho da lua nascendo entre a poeira do deserto. Que alívio ter aquele lindo objeto celeste para me orientar! Apesar de estar envolto pela poeira, o satélite natural da Terra me servia como referência. Virei de costas para a proa do barco e, com apenas uma mão, naveguei por duas horas olhando para trás. Meu corpo estava exausto. Eu já navegava há oito horas sem descanso.

Se no céu as estrelas brilhavam, no mar era o plâncton fluorescente que dava um show à parte. Esses pequenos organismos vivos se manifestavam com luminescência quando agitados a tocar o casco da Atena. Em conjunto, eles formavam uma esteira luminosa na espuma atrás do barco. Chegava a ser hipnotizante olhar para a popa na madrugada. Tivemos a companhia desses "vaga-lumes marinhos" por quase toda a travessia.

Nossa rotina a bordo seguia conforme as intempéries do clima. O humor era regulado pelo sol, pelo mar ou pela consciência que tínhamos do avanço da viagem. Por isso, contávamos cada milha náutica que ainda faltava pela frente. Para tentar manter o mínimo de dignidade, estipulamos tomar banho a cada três dias. Mais do que isso não era possível, pois tínhamos disponibilidade limitada de água doce. Ainda assim, utilizávamos água salgada para molhar e ensaboar o corpo. Depois de limpos, descíamos ao banheiro para tirar o sal com água doce.

Vez ou outra, durante as raras chuvas que pegamos pelo caminho, aproveitamos a generosidade da natureza para tomar um novo banho.

Após a primeira semana de navegação, começamos a nos sentir mais adaptados ao ambiente marinho. Sofia enjoava menos e também estava mais confiante para conduzir a Atena. Completávamos, assim, o primeiro terço da travessia. E, para cada marco da viagem como este, abríamos uma garrafa de vinho. Beto comemorou seus 37 anos velejando, e para essa ocasião especial, preparamos um bolo de aniversário e cantamos *Parabéns pra você*.

Podíamos acompanhar pelos e-mails que recebíamos diariamente o deslocamento da flotilha em direção a Santa Lúcia, no Caribe. Mas a internet era limitada e só podíamos baixar mensagens com poucos *megabytes*. Junto da comunicação feita pelos organizadores da ARC, vinha sempre um *report* de previsão meteorológica informando as condições dos ventos e das ondulações no trajeto a nossa frente. E na segunda semana de travessia, pegamos condições mais severas. O mar se apresentou com ondas maiores, em períodos mais curtos, que faziam com que a Atena balançasse mais sobre as vagas. Isso mexeu com nosso humor novamente, especialmente porque se tornou mais difícil relaxar o corpo. Deitado na cama, rolando de um lado para o outro, eu demorava para fechar os olhos. Descobri que dormir na sala era um pouco mais confortável do que na minha cabine de proa. Tentava me escorar no sofá colocando a perna na mesa, sempre fazendo força para trás. Como eu tinha que compensar o movimento do barco (mesmo estando deitado), comecei a perceber que meus músculos ganhavam um tônus mais firme. E, apesar de não ter uma balança para me pesar, certamente eu tinha perdido peso.

De vez em quando, cruzávamos com esporádicos navios cargueiros. Distante no firmamento, eles apareciam e permaneciam no nosso campo de visão por algumas horas. Nossa velocidade era, no máximo, a metade da deles. Por isso, por mais que a preferência de navegação fosse nossa (barcos à vela tem preferência em alto mar), mantínhamos atenção para desviar a rota e evitar uma colisão. Aliás, um outro perigo causado pelos navios cargueiros é o risco de uma embarcação como a nossa colidir com um contêiner que acidentalmente caiu na água. Ocorre que há inúmeros desses recipientes de carga flutuando perdidos no oceano e, em alguns casos, eles chegam a levar anos para afundar. É praticamente impossível ver uma dessas grandes caixas de metal na superfície da água, e um encontro desse tipo pode ser catastrófico se bater no casco do barco. Semelhante risco para a nossa navegação seria "atropelar" uma baleia. Como elas também cruzam os mares, podia acontecer de batermos de frente com um bicho desses. Mas, felizmente (ou infelizmente), não vimos nenhuma durante nossos dias no Atlântico. Quem dava mesmo as caras às centenas eram os peixes-voadores que muitas vezes se jogavam no *deck* e morriam sem conseguir se salvar. Quando percebíamos a presença de um desses seres marinhos, imediatamente atirávamos de volta ao mar, pois com tão pouca carne, não valeriam a pena a refeição. Outra companhia simpática eram os golfinhos que apareciam quase todos os dias para acompanhar o deslocamento da Atena na imensidão azul. Eles permaneciam por alguns minutos nadando junto à proa e depois tomavam seu rumo em busca dos cardumes de peixes. Seu gracioso espetáculo alegrava nossas tardes de contemplação do pôr do sol.

Depois de mais de dez dias de travessia, comecei a sentir falta dos meus amigos e saudades de falar com a minha família. Cheguei a enviar e-mails para a minha mãe, mas descobri, bem depois, que todos foram parar na sua caixa de *spam* do correio eletrônico. Nem no seu aniversário ela recebeu meus parabéns. Esse isolamento total com o mundo externo me fez refletir muito sobre a importância da vida em sociedade. Nós somos dependentes demais dos outros. Precisamos trocar experiências, ouvir novidades e partilhar os sentimentos. No diário de bordo, escrevi:

Fiquei comparando o "deserto" do mar com o cotidiano da vida urbana. Tanta coisa deve estar acontecendo no mundo... Já faz tempo que não estou entre as pessoas que eu mais gosto, as quais sei que têm carinho por mim. Muita gente deve estar orgulhosa pelo o que estou realizando. Para alguns, essa minha viagem é algo que transita em um imaginário distante da própria realidade. Eu queria poder compartilhar com eles os momentos incríveis que estou vivendo.

Muita gente pensa que é preciso ter coragem para fazer uma travessia. Na verdade, seguir qualquer aspiração, enfrentando todas as eventuais adversidades, é um ato corajoso mesmo. Mas isso não é exclusividade dos aventureiros. Toda pessoa que toma uma decisão vinda da alma tem um quê de valentia. Não é à toa que a palavra "coragem" (que tem sua origem no Latim *coraticum*) é a junção de "*cor*", que significa "coração", com o sufixo "-*aticum*", que é "ação". Nesse caso, a etimologia define bem o que me moveu a deixar a minha zona de conforto e seguir nas minhas aventuras. Desde que iniciei as minhas expedições, aprendi a traduzir melhor os meus desejos mais íntimos. Não que eu me entregasse a qualquer vontade inconsequentemente, pelo contrário. Descobri como ponderar o que é essencial e aquilo que me faz feliz. Acredito que as pessoas que vivem em um veleiro pensam mais ou menos da mesma forma que eu. Relativizar os desafios, escolher com sabedoria os objetivos e ter discernimento do que é bom (ou pode ser melhor) para a sua experiência pessoal na vida, fica mais fácil quando ouvimos a voz do coração. É mais ou menos como o vento, que não conseguimos ver, mas sentimos sua presença quando toca a nossa pele.

Na terceira e última semana, eu já estava totalmente habituado à rotina no mar. Olhava o oceano ao meu redor e me sentia vitorioso por lidar tão bem com as minhas emoções. Sentado na proa, mirava os olhos para o firmamento e imaginava avistar terra, como os antigos marinheiros faziam. A água estava mais quente e o sol chegava a castigar a minha pele que, a essa altura, tinha adquirido um brilho dourado como o qual eu nunca tive. Mas foi em uma das últimas noites que eu passei pelo maior susto da travessia. Faltavam vinte minutos para eu terminar o meu turno. Eu contemplava a Via Láctea como de costume e me deliciava com a noite quente com ares do Caribe. De repente, olhei para a frente e percebi duas luzes encarnadas na direção para a qual eu navegava. Esfreguei os olhos cansados da longa vigília e dei um salto de onde estava sentado no *cockpit*. Aqueles sinais vermelhos me diziam claramente que havia um tráfego no meu caminho.

Peguei o rádio e chamei no canal 16, esperando uma resposta. Perguntei se o barco, na mesma latitude e longitude que nós, estava em contato radar e quais eram as intenções dele. Ninguém respondeu. A incógnita embarcação navegava em a rota convergente com a nossa e estava a menos de duzentos metros de distância, uma separação relativamente muito pequena no oceano. Imediatamente desviei nosso curso para boreste, a fim de evitar um acidente. Beto acordou com o movimento brusco da Atena e veio se juntar a mim no *cockpit*. Ele pegou o rádio e também tentou contato com o veleiro anônimo. Nada de resposta até que finalmente um homem, com forte sotaque italiano, respondeu à nossa mensagem. Era um veleiro com sete pessoas a bordo, vindo de Mindelo, Cabo Verde. Quando o senhor informou suas intenções, nós já havíamos superado aquele barco e não havia mais o perigo. O bizarro foi ele não se manifestar antes de cruzar a nossa proa a uma distância tão curta. O capitão da embarcação estrangeira afirmou que nos monitorava pelos instrumentos, entretanto tudo me levou a crer que ele pegou no sono e não quis admitir a distração. Passado esse encontro inesperado, entreguei o comando da Atena para Beto e fui me deitar assim que a minha adrenalina baixou.

Faltando pouco para o fim, com tantas provações e experiências vividas, cheguei à conclusão de que eu era capaz de superar qualquer desafio que me fosse imposto. Foram muitos dias no mar e na última página do meu diário de bordo, escrevi:

Avistamos terra exatamente às seis da manhã, depois de 21 dias no mar. As luzes das ilhas de Martinica, ao norte, e de Santa Lúcia, ao sul, foram os sinais mais esperados durante a noite. Redobramos a atenção, pois, na passagem entre as duas ilhas, presenciaríamos o intenso movimento de barcos. Às nove horas, descemos para começar a nos equipar para a manobra de mudança de rumo. Precisávamos sair do rumo 235 graus para 180 graus. Após quarenta minutos, Beto e eu fomos para a proa descer o pau de spinnaker. Sofia ficou no cockpit monitorando o rumo no piloto automático enquanto fazíamos o trabalho. Tiramos o preventer preso na ponta da retranca que protegia o mastro no caso de um jaibe inesperado e voltamos todos para o cockpit. O barco estava pronto para cambar.

Nessa edição da ARC, centenas de pessoas tiveram o mesmo ímpeto dos navegadores do passado. Cada um de nós, que escolheu se lançar ao mar, superou um desafio, seja ele psicológico, físico ou apenas geográfico. Para Sofia, Beto e eu, essa foi uma viagem sem precedentes. Podemos dizer — orgulhosos — que conquistamos o mérito de chegar aonde chegamos e de fazer o que fizemos por toda a "poça d'água". Confiamos uns nos outros para encarar o desconhecido e vencemos juntos, cada um com sua contribuição especial para o bem de todos a bordo. A Atena, valente embarcação que nos conduziu nessa viagem, surpreendeu com sua segurança e serenidade ao navegar por tantos dias seguidos. Foi ela que fez a tarefa maior de singrar as 2700 milhas, incessantemente, até o Caribe. De tudo que se passou conosco, preservam-se as únicas coisas que ninguém pode nos furtar: a amizade que selamos e a experiência de desbravar um mundo de água.

No último parágrafo do diário, escrevi:

> *Com apenas 2 milhas náuticas para o nosso destino, chamamos o comitê do rally na linha de chegada, como mandava o protocolo da regata. Informamos que estávamos na iminência de cruzar as boias que sinalizavam o fim da travessia. Após 21 dias, 22 horas e 17 minutos no mar, sem contato físico com qualquer outra pessoa, Sofia, Beto e eu nos sentimos realizados por cumprir a meta de um sonho. Cruzamos a*

linha de chegada conquistando mais do que qualquer um de nós podia esperar. As experiências que compartilhamos durante todo esse tempo no mar, com certeza permanecerão para sempre na nossa memória.

O diário de bordo completo está escrito no capítulo bônus no final deste livro. ▪

CAPÍTULO XIII
DO OUTRO LADO DO ATLÂNTICO

Ao fim da nossa travessia do Atlântico, desfrutamos alguns dias no Caribe descansando de todo o esforço. Após dez dias, Sofia e Beto me deixaram em Soufrière, um porto no meio do caminho para o aeroporto Hewanorra, ao sul da ilha de Santa Lúcia, base dos famosos "Pitons", duas montanhas vulcânicas de frente para o mar. Desembarquei da Atena com meus pertences e me despedi dos dois, muito emocionado. Precisei ser breve e corri para me abrigar da chuva de um *squall* que apressou a despedida, deixando ao sabor do clima caribenho os sentimentos que havíamos compartilhado até ali. Segui com minha mochila nas costas até um restaurante à beira-mar, de onde observei a Atena se perder lentamente no horizonte. Depois de tomar um café da manhã no restaurante e quase esquecer minha carteira com todos os meus documentos e dinheiro, tomei um táxi para o aeroporto. Meu destino depois do Caribe foi a cidade de Orlando, na Flórida, nos Estados Unidos, para finalmente conhecer minha sobrinha. Eu não via a hora de encontrar minha família, que estava à minha espera para as festas de final de ano. Meu irmão fez questão de me buscar no aeroporto com Andressa, sua esposa, e a linda Chloe a tiracolo. Minha sobrinha, mesmo sem eu a conhecer pessoalmente, fez as noites no Atlântico terem um sentido mais especial por esse encontro.

Em apenas um ano distanciado do Max que vivia no Brasil e que passou por alguns traumas, eu também fechava um ciclo e pontuava o hiato que me transformou. O Max cosmopolita, cidadão italiano e velejador que voltava às Américas havia se tornado um cara mais leve nas relações, mais paciente com o tempo e com os contratempos, flexível com a vontade dos outros e que, acima de tudo, acredita que não haja uma só pessoa no mundo que não esteja buscando a felicidade. Às vezes tomamos supostos atalhos que nos distanciam do objetivo final, assim como necessariamente faz um veleiro navegando contra os ventos fortes. Já, outras vezes, conseguimos compreender melhor o ajuste das velas e assim somos capazes de traçar uma proa mais direta para a felicidade.

Não é preciso cruzar um oceano, enfrentar grandes mares ou viver a bordo de um barco, como eu escolhi, para se realizar na vida. Cada um tem um sonho, um desejo e seus desafios para conquistar um novo porto. Basta descobrir o que o faz feliz e investir na sua realização. Nos dias de hoje, deixar o conforto e a segurança da terra firme poderia ser menos relevante se pensarmos nas primeiras e corajosas pessoas que cruzaram o Atlântico para chegar às Américas e outras terras inexploradas. Esses navegadores deixavam suas famílias e amigos em um tempo em que nem ao menos se tinha certeza da existência de terra ou não do outro "lado". Movidos por um instinto de aventura ou sobrevivência, em busca de progresso, grandes fortunas ou poder, eles partiram. E mesmo que o mar nos seja um ambiente completamente hostil, onde o homem não tem autoridade alguma, existe um fascínio, ancestral e hereditário, que nos leva a habitar esse lugar do planeta. Definitivamente o mar é um lugar de ensaio do caráter humano, que nos obriga a despir-nos de toda a arrogância, sendo também um refúgio no mundo dos homens.

Cruzar um oceano em um veleiro pode parecer um objetivo sem sentido para quem apenas deseja chegar do outro lado. Velejar normalmente é lento, muitas vezes desconfortável e pode parecer glamoroso, mas, definitivamente, não o é. Quando se está lá, no meio do nada e, ao mesmo tempo, tão preenchido por tudo, sentindo na pele o poder da natureza, o homem se dá conta de que a definição de sentido é algo que não importa para mais ninguém, além de si mesmo. Afinal, viemos sozinhos ao mundo e sozinhos iremos partir para algum outro lugar... Com sorte, conseguiremos encontrar as pessoas com quem tivemos o prazer da convivência neste mundo e a quem tanto queremos bem. Muitos amigos estiveram comigo durante minhas longas navegações. Não pessoalmente, claro, mas nos meus pensamentos. Esses amigos do coração me fizeram companhia nas noites escuras, durante o mau tempo ou enquanto eu contemplava uma linda paisagem no horizonte. Entretanto, no mar não deixamos pegadas... Não navegamos para trás. Contra os ventos que nos empurraram pela proa, damos um bordo e continuamos avançando, mesmo que seja para os lados. Quando com as velas enfunadas, o veleiro fica valente, mas deita o mastro em reverência à natureza se curvando diante dela. Faz o mesmo o capitão, com o orgulho envergado. Sabe ele que não é nada, diante de tamanha perfeição. Ter realizado a travessia me fez confirmar que todo indivíduo é livre. Porém, é na alma que a liberdade habita.

Uma vez que se tenha experimentado navegar, você caminhará por planícies e por montanhas, tomará caminhos sobre todo tipo de terreno. No entanto, sempre voltará seus olhos para o horizonte em busca daquela brisa que vem do mar, porque lá você esteve e para lá seu coração desejará retornar.

Max Fercondini
Lisboa, 20 de setembro de 2020.

Marina de Oeiras, Portugal

Primeira aula de vela
no Rio de Janeiro em 2017

Limpando o PR-ZLF na fronteira
do Brasil com a Bolívia

Moderna cabine do meu
terceiro avião RV-10

Expedição
América do Sul Sobre Rodas

21 mil quilômetros
de estradas

Com o cacique Sian Txaná Huibae
durante minha primeira expedição aérea

Meu primeiro avião
comprado em 2008

Pandorguinha, meu segundo avião

Na cabine do Pandorguinha

Com minha mãe, Marcia, em Ubatuba

Meu atual avião no Jalapão, TO

Curva de grande inclinação com o PU-BJM sobre o mar

Eileen na marina
do Parque das Nações

Hello Boat, barco que conduzi
com turistas em Lisboa

Manutenção
no meu veleiro

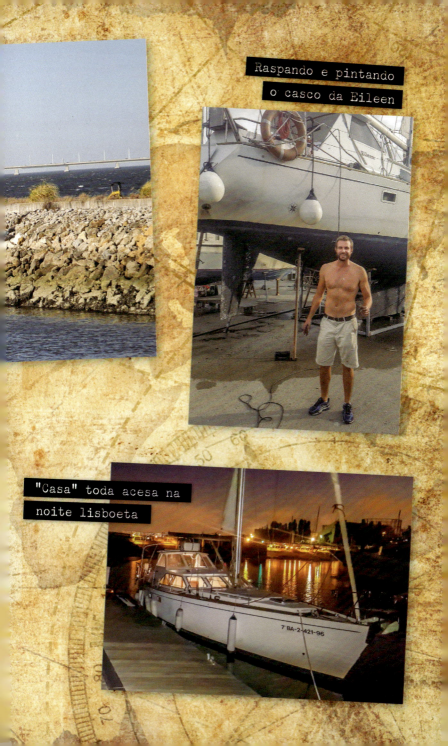

Raspando e pintando
o casco da Eileen

"Casa" toda acesa na
noite lisboeta

No Real Clube Náutico de Grã-Canária
antes da travessia

Almoço sempre garantido

Direto do mar
para a panela

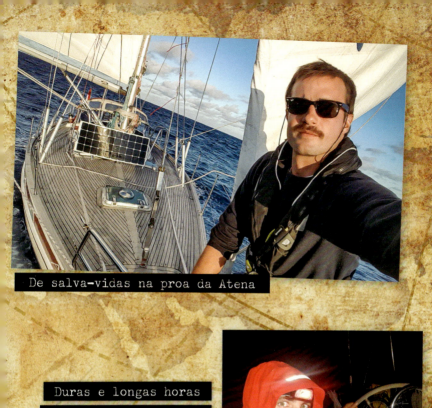
De salva-vidas na proa da Atena

Duras e longas horas
sem piloto automático

Ajustando as velas

Banho era coisa rara, mas refrescava o corpo

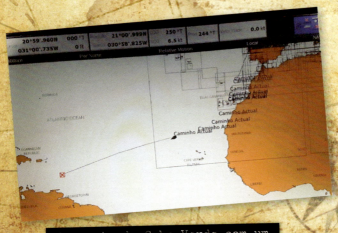

Ao norte de Cabo Verde com um longo caminho até o Caribe

A Atena adernando com as fortes rajadas de vento

Velejando com estilo

Crepe de banana flambada no rum. Uma de minhas receitas na travessia

21 dias no mar!

Poucas milhas para chegar no Caribe

Novamente em terra firme em Santa Lúcia

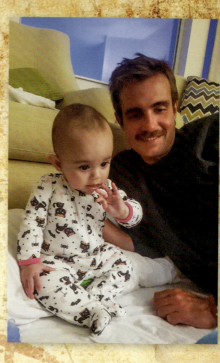

Conhecendo minha
sobrinha nos EUA,
após a travessia

Meu irmão Jean e a pequena Chloe

Primeira vez na NASA em 1992

Com meus primos e
avós durante a Páscoa

Eu com o meu avô
vestido de Papai Noel

Eileen me esperando em Lisboa

Aponte a câmera do seu
celular para ver mais

EPÍLOGO

UM HOMEM PRECISA VIAJAR...

Após a passagem de ano na América, voltei para Lisboa, onde a Eileen continuava à minha espera. Voltar à rotina do meu barco era tudo o que eu mais queria. Eu estava com saudades da minha casa flutuante. Ainda tinha uma série de coisas para eu preparar no barco antes de voltar a navegar. Assim, acabei ficando por mais um tempo em Portugal. Também fechei contrato com uma emissora brasileira para produzir, dirigir e apresentar uma série de entrevistas que foram exibidas em Portugal. Foi divertido esse trabalho, pois encontrei amigos e colegas atores que eu não encontrava havia muito tempo e conheci alguns artistas da música, dos quais eu também era fã.

Beto, Sofia e eu nos encontramos novamente no Caribe, exatamente seis meses depois da nossa epopeia pelo Atlântico Norte, por causa de um novo convite que o casal me fez. Eles deixaram a Atena na Martinica e, para a temporada de furacões, escolheram levar o barco para a ilha de Curaçao, uma das ilhas ABC (Aruba, Bonaire e Curaçau), de cultura holandesa, que fica próximo à costa da Venezuela e onde não há influência de desastres como furacões. Nessa viagem, nós passamos ainda por Bonaire, um dos destinos mais procurados para a prática de mergulho autônomo e que ostenta uma das águas mais azuis que eu já vi no mundo.

Voltei a encontrar Paulo algum tempo depois, em Barcelona, vivendo em seu barco e muito mais realizado do que quando dirigia o *motorhome*. A evolução dele para se adaptar ao veleiro foi impressionante. Ele realmente se encontrou no mundo da náutica. Na última vez que estivemos juntos, velejamos de Barcelona para as ilhas Baleares (Ibiza, Formentera e Maiorca) em uma temporada de vinte dias no mar com um outro amigo argentino. Essa foi uma viagem épica para nós.

Quanto ao casal de amigos americanos que fiz em Gibraltar, Wendy e Kevin, eles me ligaram um tempo depois, uma vez que estavam interessados em cruzar o Atlântico, como havíamos falado quando nos conhecemos. Eles queriam saber como tinha sido minha primeira experiência e me perguntaram se eu não gostaria de me juntar a eles no final do ano seguinte para cruzar novamente a "poça". Obviamente eu aceitei e atravessamos o Atlântico, dessa vez em quatro pessoas: o casal americano, eu e mais um amigo português que é instrutor de vela em Lisboa.

Não tive ainda a oportunidade de encontrar Tony pessoalmente. Sei que ele está bem, pois nos falamos às vezes por mensagem. Ele continua sendo um grande apreciador de cavas e lagostas.

Fábio, que velejou comigo em Angra, eu contato com certa frequência por mensagem ou por vídeo. Ele continua sendo irônico nas suas colocações e, no final de 2018, alugou um barco com tripulação para navegar junto com a sua doce mulher. Os dois tiveram uma menina. Eles me foram muito importantes quando me hospedaram por uns dias em sua casa, no Rio de Janeiro, logo após minha separação. Sou eternamente grato ao casal.

Minha ex-mulher se casou e parece muito feliz. Estou contente por ela.

Com Vitória, minha terapeuta, eu só falei uma única vez depois de bastante tempo. Ela acompanhou as notícias que saíram na imprensa, no Brasil, sobre minhas aventuras e fica muito feliz por eu estar recuperado do trauma da minha separação. Ela continua atendendo e ajudando muitas pessoas.

Quanto aos meus "amores de cada porto", confesso que têm aumentado de número conforme navego. Por algumas garotas que cruzam meu caminho, eu me apaixono e me dedico mais. Para outras, eu deixo claro que não sei por quanto tempo poderei me relacionar e que, em algum momento, terei que partir. Algumas entendem a minha necessidade de estar em movimento, outras não. Mas para todas eu sou o mais transparente possível quanto aos meus objetivos. Ainda estou à espera de encontrar alguém que se amolde a meu estilo de vida e que possa compartilhar comigo a vida no mar.

Quanto à Eileen, continuamos a velejar por aí. Ela ainda me deu muito trabalho nos meses seguintes para ficar pronta para navegar novamente. Nós estamos uma vez mais no Mediterrâneo e, pelos próximos anos, iremos explorar um pouco mais as histórias que marcaram as navegações no passado e que fizeram desse mar o berço da civilização Ocidental. O que nos espera no futuro, será marcado por novas aventuras.

NOTA FINAL

Todo homem é capaz de afirmar onde o sol nasce. Poucos são aqueles que tem a capacidade de determinar onde ele irá se pôr.

Até a publicação deste livro, completei cerca de 20 mil milhas náuticas navegadas pelo mundo. Algumas delas velejando sozinho, noutras, com amigos.

BÔNUS
DIÁRIO DE BORDO

DIÁRIO DE BORDO - PRIMEIRAS HORAS
25/11/2018

Posição: 28 07 N / 015 25 W
Milhas navegadas: 105 nm
Milhas para chegar: 2.700 nm
Velocidade média: 3,5 nós

O dia mais aguardado das últimas duas semanas chegou. Hoje é a largada da trigésima segunda edição da ARC que parte das Canárias e termina em Santa Lúcia, no Caribe. Beto e Sofia prepararam o barco por meses e, até o momento que eu os encontrei em Las Palmas, na Grã-Canária, eles organizaram tudo sozinhos, com a ajuda valiosa de gente local. Com a minha chegada, pude contribuir um pouco, mas ainda havia algumas coisas para serem finalizadas. Acordamos bem dispostos e tomamos o último leche-leche em uma padaria à margem da marina. De longe, observávamos a correria dos tripulantes que ainda tinham coisas para organizar antes de encarar o desafio. Pelos próximos dias, todas as refeições serão compartilhadas a bordo, então, nada mais justo que nos déssemos o prazer de ter o definitivo café da manhã em um restaurante. Voltamos ao barco com o coração na boca, pois a partida seria em menos de uma hora. Sofia e Beto se abraçaram na proa, deram um beijo e fizeram uma discreta oração entre eles. Emocionado com a cena, fiz minha prece e agradeci a Deus pela oportunidade que ele colocou no meu caminho para que eu me juntasse a esse casal querido. Quando nos olhamos nos olhos, sem a necessidade de dizer mais nada, sabíamos que só poderíamos contar uns com os outros pelos próximos dias. Precisaríamos estar mesmo preparados para a grande jornada a compartilhar. Nos despedimos dos nossos vizinhos de marina, que também atravessariam o mar com seus veleiros. Demos "tchau" em pelo menos três idiomas diferentes e desejamos uma boa viagem para todos que passavam pelo nosso caminho. Até para o pessoal do restaurante acabamos dizendo "boa viagem", esquecendo que eles ficariam em Las Palmas. Soltamos as amarras às 12 horas e 21 minutos e saímos ao som de "Rock Around the Clock", de Bill Haley & His Comets, que tocava de algum lugar distante. Enquanto a Atena se deslocava lentamente, nós acenávamos para as pessoas que estavam no píer norte da marina de Las Palmas. Não havia rosto familiar ali, ninguém em especial que pudesse estar nos acenando, mas retribuímos com os braços a balançar no ar o carinho que recebemos.

Assim que saímos da marina, desligamos o motor e abrimos as velas para aproveitar os ventos de popa que sopravam levemente. O Atlântico também se abria para nós e as rajadas superavam o que a previsão sugeria. Mesmo assim o início da navegação foi bastante confortável. Muitos barcos à nossa volta e outros mais no horizonte pareciam disputar um espaço à frente, como se cada um desses segundos a mais fossem garantir uma posição melhor no rally. Alguns veleiros se aproximaram ao sabor da corrente e os tripulantes nos acenaram desejando boa travessia. O que esperar de um momento tão emotivo como esse? A cada milha avançávamos, mas nossos olhos ainda estavam voltados para a ilha que aos poucos deixávamos para trás. Inevitável não olhar para o abismo colossal que teríamos de encarar nos próximos dias. Mas abismo mesmo seria não partir. Enquanto percorremos as primeiras milhas náuticas, preparei um lanche de atum com cebola e outras especiarias para termos um almoço mais leve nestas primeiras horas no mar. Apesar de ser mais ou menos duas da tarde, eu fui me deitar e descansar o corpo para o meu turno. Me custou pegar nosso, imaginando o que viria a seguir, até que apaguei. Quando me levantei, umas quatro horas depois, Sofia estava mareada e Beto levava o barco sem o auxílio do piloto automático. Eles tinham visto golfinhos ao lado do veleiro pouco antes do pôr do sol.

Seguimos navegando pela costa da Grã-Canária. Essa pequena ilha no Atlântico era a última porção de terra que veríamos pelas próximas três semanas. A lua resplandecia na água como prata, com ventos leves e ar quente. Assumi o leme pela primeira vez na troca de turno com Beto. Agora o barco estava sob minha responsabilidade. Me concentrei em navegar no rumo 180 graus em busca dos Trade Winds, ou Alísios, que historicamente foram usados pelos comerciantes do passado para viajar para as terras do Oeste.

Tinha combinado com Beto que meu turno acabaria às duas da manhã, mas como ele não descansou para ajudar Sofia, que continuava enjoada, deixei ele dormir além do horário combinado. Precisei ajustar as velas para bombordo, pois o vento mudou a direção e baixou uns 4-5 nós. Terminei minha jornada às quatro e meia da madrugada e fui descansar. Pretendia dormir por seis horas com a expectativa de que Sofia pudesse ajudar Beto durante a manhã, se já estivesse melhor.

DIÁRIO DE BORDO - DIA 01

26/11/2018

Posição: 26 38 N / 016 31 W
Milhas navegadas: 202 nm
Milhas para chegar: 2.595 nm
Velocidade média: 4,7 nós

Deixei Beto pendurado no topo do mastro, a uns 18 metros de altura, por uns vinte minutos. Não que eu quisesse fazer isso com meu amigo, mas precisávamos soltar uma das adriças, cabo que sobe as velas. Na noite anterior ela havia se enroscado durante uma manobra.

O mar estava cinzento, devido ao céu nublado que contrastava com o dia anterior. Aquele ambiente parecia refletir minha indisposição por ter sido desperto pelo Beto uma hora antes do combinado para ajuda-lo. Como a previsão era de aumento na intensidade das ondas oceânicas para as horas seguintes, era melhor reparar os cabos o quanto antes. Sofia, mesmo enjoada, assumiu o leme. Me considerei sortudo por não ter de subir no mastro.

Quando Beto finalmente desceu, tremia bastante. Apesar de a operação ter sido bem-sucedida, ele chegou a vomitar quando colocou seus pés no chão. Segundo ele, a sensação de estar lá em cima com o balanço das ondas é semelhante a de uma montanha-russa em movimento. Beto me pediu que eu levasse o barco enquanto ele se recuperava do enjoo deitado no salão do veleiro. Sofia permaneceu ao meu lado, mas também não se sentia bem. De estômago vazio, como os dois, eu não queria ficar. Por isso desci para pegar umas tâmaras, pistache e manga desidratada, que foram meu café da manhã. O silêncio no barco era total. Quem discursava agora era o mar. As ondas pareciam vocalizar repertórios humanos, tal qual o bufar de insatisfação de um senhor. Estaríamos recebendo o batismo da viagem logo no primeiro dia? Nossa confiança foi por água abaixo com esse clima a bordo. Voltar não era mais questionável. E, seguir, era encarar os desafios. E não havia a possibilidade de desistir.

Me revezando entre o leme e as panelas, preparei um arroz com cebola e alho, ovos e carne enlatada. Sofia se esforçou para se alimentar, enquanto Beto, um pouco melhor, ajustava os painéis solares na proa do barco. Não me pareceu uma boa ideia ir até lá, pois ele ainda não estava recuperado cem por cento do enjoo depois de subir no mastro. Assim, Beto esperou mais tempo para comer. Deixei o casal mareado no cockpit e fui descansar por quatro horas na minha cabine. Eu sabia que mais uma vez ia perder o pôr do sol, mas precisava me preparar para o turno da noite. Os dois outros tripulantes precisariam que eu estivesse bem disposto para substituí-los.

Quando acordei, a noite estava linda! Beto e Sofia, voltados com seus olhos para cima, admiravam os bilhões de pontinhos luminosos. A lua só deu as caras às 21 horas e 15 minutos. Ficamos divididos entre olhar para os céu constelado e para o rastro de plâncton fluorescente que deixávamos para trás junto com a espuma do barco em movimento. Eles observaram algumas estrelas cadentes enquanto eu dormia. Conversamos para passar o tempo e chegou a minha vez de ver um meteoro cortar o céu escuro. Sofia me perguntou se eu fiz um desejo, mas eu disse que há muito tempo não desejava nada, só agradecia pelas coisas que eu já tinha conquistado. Beto foi novamente se deitar no chão do barco, o lugar mais estável e confortável para quem não se sente bem. Então, comecei o meu turno de navegação.

Para me guiar na noite, escolhi uma estrela qualquer, a qual eu colocava em perspectiva com a ponta da retranca como referência. Não sabia que astro era aquele. Não tinha como eu saber, pois ela não fazia parte de nenhuma constelação que eu conhecesse. Me lembrei de O Pequeno Príncipe, de Antoine de Saint-Exupéry, que, quando voltou para a sua casa celeste, não indicou ao piloto onde seria o seu lar. Assim, todas as estrelas poderiam ser a sua morada. E, sempre que o piloto acidentado no deserto olhasse para qualquer uma delas, o principezinho poderia estar lá. Dessa maneira, o céu todo estaria sorrindo para ele.

Durante a manhã do dia seguinte, notamos que o piloto automático apresentava problemas, pois perdia constantemente o rumo com as rajadas e a ondulação do mar. Decidimos não mais confiar no equipamento e, a partir de então, toda a navegação seria feita por um de nós na roda de leme. Trabalho a mais que se mostraria bastante cansativo e que demandaria um esforço ainda maior nos turnos a seguir. Entretanto, para manter o rumo, eu já não precisava olhar para a bússola. Com tantas estrelas no céu, eu me guiei por elas. Dessa vez, encaixei as Três

Marias em perspectiva com a estrutura de metal que sustentava o radar do barco. Foi como se eu estivesse voando em ala com elas. A madrugada chegou e o casal veio para fora algumas vezes para tomar um ar fresco no rosto. Beto voltou a enjoar e me perguntou se eu sabia o que ele deveria fazer para sentir-se melhor. Recomendei que ele tentasse descansar o máximo que conseguisse e que, no dia seguinte, se os dois ainda não estivessem bem, nós iríamos baixar as velas e dar um mergulho. Assim, a água fria poderia dar uma "acordada" no corpo. Engraçado eu não sentir sequer um enjoo. Sinto que meu corpo está bem adaptado a essa vida de marinheiro, depois de meses vivendo em meu veleiro. Sofia tremia de frio e Beto foi buscar um cobertor em sua cabine para ela se aquecer. Precisei dobrar o meu turno por causa da indisposição do casal. Antes de ir dormir, às cinco e meia da manhã, pude observar Vênus despontar no céu, distinta das estrelas por seu tamanho e pelo fato da sua luz não piscar, como somente acontece com os planetas.

DIÁRIO DE BORDO — DIA 02
27/11/2018

Posição: 25 04 N / 018 12 W
Milhas navegadas: 308 nm
Milhas para chegar: 2.498 nm
Velocidade média: 4,3 nós

    Acordei às dez e meia da manhã após descansar por cinco horas. Beto estava dormindo no chão ao meu lado, no mesmo lugar que passara boa parte do dia anterior. Sofia estava se sentindo melhor e comandava o veleiro a partir da roda de leme. Levantei e fui para o cockpit fazer companhia a ela. Conversamos um pouco sobre a noite anterior e ela me agradeceu a paciência. "Não há de quê", eu disse. Todos nós

estávamos demontrando a maior resili-
ência. Beto acordou e eu recomendei
que ele não fizesse nada que pudesse deixá-lo novamente enjoado, como
abaixar a cabeça ou ir buscar algo
dentro do barco. Pedi para que os dois
tentassem se concentrar em não enjoar,
pois eu prepararia um almoço para que
eles voltassem a se nutrir depois de
terem colocado as últimas refeições
para fora. Aproveitamos que todos estavam bem para cada um tomar o primeiro banho a bordo, que não precisou ser
no mar. Com um balde, nós recolhemos
água do Atlântico e utilizamos o banheiro para nos lavarmos. Como Beto
ligou o motor do barco para carregar
as baterias, pudemos tirar o sal do
corpo com água quente da torneira. O
enxágue foi rápido para economizarmos
água doce do tanque de 400 litros que
teria que durar a viagem inteira.

Às duas da tarde, preparei um es-
paguete com molho de tomate e carne.
Tomamos o primeiro vinho da viagem,
ainda com receio de que alguém pudesse
enjoar. Ninguém passou mal.

Enquanto Sofia navegava, escrevi mais alguns parágrafos do meu livro. Beto cuidou de realocar os painéis solares onde batesse sol. Conversamos e escutamos música até o anoitecer e nos esquecemos de descansar para os turnos da noite.

Antes de dormir, Beto conectou o serviço de internet via satélite e nós pudemos receber sete e-mails pendentes. Dois deles falavam sobre o progresso de todos os barcos ao longo do oceano. Não há um ranking de colocação, mas achamos o nosso deslocamento geral suficiente para os poucos ventos do início da largada. Tivemos uma média de 3,5 nós no primeiro dia e 4,7 nós no segundo. Ainda queremos melhorar, mas dependemos dos Alísios que encontraremos mais próximo de Cabo Verde.

Outro e-mail deu a previsão do tempo e as demais informações das condições do mar para as próximas 24 horas a 48 horas. Segundo o documento, as ondas vão aumentar um pé a mais, mas ficarão com um período um pouco mais longo. Ou seja, sem grandes variações. Beto foi dormir e eu continuei navegando até às seis e meia da manhã, observando as estrelas e a bela Vênus que parecia um farol no céu. Sofia acordou sozinha por esse horário e trocou o turno comigo.

DIÁRIO DE BORDO - DIA 03
28/11/2018

Posição: 23 32 N / 020 01 W
Milhas navegadas: 538 nm
Milhas para chegar: 2.392 nm
Velocidade média: 6,2 nós

"Esse é só o terceiro dia", pensei comigo deitado no sofá da sala. Ainda temos muitas milhas náuticas pela frente.

Levantei às 10 horas e 50 minutos para ver se estava tudo bem. Sofia ainda estava no comando do veleiro e se sentia plena. Disse que comeu alguma coisa de café da manhã. Colocamos a vara de pesca para ver se apanhávamos algo para acompanhar o arroz de abobrinha que eu ia preparar. Nada de peixe até a hora do almoço... Incrementei champignon no arroz e foi o que almoçamos. Depois da refeição, ouvimos o alarme da vara de pesca que corria a linha para dentro da água. Finalmente o peixe veio! Demos um tempo na manobra que fazíamos com o barco para ajustar o rumo e fomos recolher o que agora seria o jantar. O peixe parecia grande e custava para se cansar. Quando conseguimos recolher a linha, tiramos a isca sem vestígios do nosso prêmio. "Que azar...". Deixamos a vara de lado e voltamos aos cabos e velas.

De noite, Sofia e eu jantamos a mesma comida do almoço. Beto comeu mais tarde. Fui deitar às sete da noite, com a expectativa de descansar até às duas da manhã para iniciar o meu turno. Beto ligou o motor para carregar um pouco as baterias e eu não consegui dormir muito mais do que três horas. Levantei conforme o combinado, às duas, e perguntei se ele estava bem para tocar mais um pouco o barco. Ele disse que sim e eu voltei para dentro.

Da cama da sala, onde eu estava deitado, consegui ver Beto tendo que trabalhar muito para manter a Atena navegando em linha reta, enquanto ele ainda tentava consolar Sofia. Nesse terceiro dia, ela não sentiasse bem emocionalmente. Isso aconteceu de madrugada, ao mesmo tempo, os ventos começaram a aumentar e as ondas cresceram. De fato, os primeiros dias estão sendo difíceis para ela. Peguei no sono e dormi por mais duas horas antes de assumir meu turno de navegação pela longa madrugada.

Diário de Bordo - Dia 04
29/11/2018

Posição: 22 26 N / 022 23 W
Milhas navegadas: 646 nm
Milhas para chegar: 2.162 nm
Velocidade média: 5,9 nós

Acordei para o meu turno e me preparei colocando o colete salva-vidas, um gorro, a lanterna de cabeça e meu casaco impermeável. Ainda estava escuro às quatro e meia, e tanto Beto quanto Sofia permaneceram no cockpit. Beto disse que queria continuar no comando, mas eu insisti para ele descansar. Sofia estava exausta e indisposta para ir deitar dentro do barco. Ela dormiu no cockpit, enquanto eu navegava sem grandes dificuldades. Os ventos diminuíram e se mantiveram com

14 nós, 5 nós a menos de quando Beto fazia seu turno. Entretanto, as ondas estão atingindo 2 metros e meio de altura e a corrente se apresenta um pouco mais a favor do nosso rumo. Isso facilita o meu trabalho.

Como Beto estendeu seu expediente, eu passaria mais tempo também. Naveguei por essas horas sozinho, com o céu clareando o caminho e notei que havia um veleiro no horizonte seguindo o mesmo rumo que nós. Já há alguns dias no mar e essa era a primeira aparição de um novo "casco". Dificilmente iríamos alcançá-lo. Sofia voltou para a parte externa por volta de nove e meia. Perguntei se estava tudo bem e ela disse que sim, mas que preferia levar o barco para sentir o vento no rosto.

Enquanto ela navegava, conversamos sobre os desafios de ter que lidar com a força da natureza nesse ambiente tão hostil ao ser humano. Definitivamente, essa travessia que estamos fazendo não é para qualquer pessoa. Eu

assegurei pra ela que, apesar de sentir-se mal, no final ela ficaria feliz
por superar esse grande desafio. "Nós
estamos muito conectados com o mundo
das águas, onde as emoções afloram",
ela disse.

Beto acordou às onze da manhã
e trocou de turno comigo novamente.
Desci para descansar, pois tinha dormido mal na noite anterior. Sofia não
estava mais enjoada, apesar de o mar
apresentar ondas de três metros. A
previsão é que diminua ao longo das
próximas horas.

Jogamos a isca novamente, mas
nossa vara deu problema. O alarme que
avisa quando um peixe morde não está
soando. Ou seja, precisamos prestar a
atenção caso o carretel começasse a
girar com um peixe na linha.

Beto resolveu limpar a despensa com os alimentos que não estavam
bons. Estamos impressionados de ver
como alguns produtos não duraram sequer uma semana. Talvez nós não tenha-

mos estocado direito... Havia laranjas quase estragadas, mandioca meio podre, o repolho começando a apodrecer (entretanto, eu consegui salvar a parte boa). Até parte das bananas ainda verdes foram jogadas ao mar por causa do mau aspecto. Brincamos dizendo que esses descartes seriam o engodo para atrair os cardumes. E foi no mesmo minuto que Beto falou a palavra "engodo", que o peixe fisgou! Isso foi exatamente às cinco e vinte da tarde. Mesmo horário do pescado do dia anterior. "Será que essa é a hora da refeição deles?" nos perguntamos. Largamos tudo o que fazíamos e fomos soltar a vara que estava amarrada por segurança. Tempo suficiente para o peixe fugir... Ficamos decepcionados, mas eu falei que íamos tentar de novo. Afinal, tudo nos indicava que aquela era, sim, a hora da refeição deles. Não deu outra: cinco minutos depois, pescamos um belo dourado, com tamanho suficiente para ir para a travessa com alho, laranja e especiarias que eu encontrei na despensa. Aproveitamos o arroz do almoço para acompanhar o pescado que eu deixei assar por nada mais do que quinze minutos no fogo alto.

A noite chegou antes de a lua subir ao céu. Pudemos observar o plano celeste e a Via Láctea perfeitamente com as infinitas estrelas que ninguém conseguiria contar. Começamos então a nos preparar para o turno da noite. Beto estava mais disposto do que eu, então, começou às oito e meia. Eu fui deitar e disse para ele ficar à vontade para me chamar na hora que estivesse cansado.

DIÁRIO DE BORDO — DIA 05
30/11/2018

Posição: 21 29 N / 024 54 W
Milhas navegadas: 742 nm
Milhas para chegar: 2.054 nm
Velocidade média: 5,7 nós

O plâncton fluorescente que se manifestava com o movimento das águas atrás do barco me hipnotizou durante meu turno na longa madrugada. Eu não conseguia parar de admirar aquela forma de vida tão particular na superfície da água. Pequenos organismos vivos que são, em conjunto, responsáveis pela produção do oxigênio que nós respiramos.

Depois de passar horas nessa contemplação, fui deitar na cabine de proa. Por incrível que pareça, estava balançando menos do que o sofá da sala. Me senti mais confortável lá e pude descansar até às cinco da manhã, quando Beto veio me acordar.

Levantei e fui ver o que despertou sua preocupação. Havia um barco pesqueiro à nossa proa. Ele fazia seu trabalho a cerca de 700 milhas da costa da África, em águas internacionais entre as Canárias e Cabo Verde. Não sabíamos se ele tinha jogado as redes de pesca no nosso caminho. Por isso, demos um bordo e mudamos imediatamente o rumo de 260 para 180 graus (de oeste para sul). Ficamos monitorando o movimento daquela embarcação pelo radar. No momento em que fomos dar o bordo, Sofia chamou a atenção de Beto para ver o que pareciam boias na água. Beto desceu até a mesa de navegação e percebeu que o navio emitia forte sinal no radar e andava em zigue-zague. Mantivemos o novo curso por pelo menos uma hora, com ajuda do motor para nos afastarmos daquela área. Depois de um tempo, o radar não acusava nenhuma

outra embarcação em um raio de pelo
menos 48 milhas náuticas (aproximadamente 100 quilômetros de distância).
Decidimos fazer uma segunda manobra
pra evitar a possível área de pesca.
"Cambamos em roda", um giro de quase
360 graus, para mudar a direção do
barco e voltar a seguir velejando no
sentido oeste. A partir daí, o navio
pesqueiro já havia desaparecido.

Sofia foi se deitar e Beto, que
já estava no leme por umas dez horas
seguidas, fez um café para nós. Fiquei no comando até clarear o dia.
Nos primeiros raios de sol, eu joguei
a isca ao som de Here Comes the Sun,
dos Beatles.

Às onze e vinte da manhã, um dourado, um pouco maior do que o do dia
anterior, fisgou e corremos para ti-
rá-lo da água. Beto fez o trabalho de
matar e limpar o peixe. Coloquei de
novo o anzol na água e fui preparar
o almoço mais cedo do que de costume. Durante o preparo, percebi que só
aquele pescado seria pouco para matar

a fome da tripulação. Então preparei um arroz rápido apenas com sal, nós moscada e castanhas picadas que combinaram perfeitamente com a proteína do dia. Servi duas cumbucas para os "clientes" do meu "restaurante" e assumi o leme enquanto eles se deliciavam com a refeição quentinha.

Como era sexta-feira, tomamos o segundo banho da semana. Me preparei para descansar um pouco antes de assumir o turno do início da noite. Sofia gritou "peixe!" às três e meia da tarde, pois outro ser marinho fisgou nossa isca. Quando cheguei para ajudar, Beto segurava a vara, sem nada, que estava nas suas últimas cinco voltas do carretel. O peixe levou quase toda a nossa linha e, quando conseguimos travar o carretel, ele arrebentou a isca e foi embora com seu prêmio na boca. Recolhemos a linha e colocamos uma nova isca.

Às sete, assumi o leme. Às sete e meia da noite, um grupo de golfinhos se aproximou do barco e navegamos juntos por alguns poucos minutos. O sol exibia seus últimos raios, por isso quase não conseguimos observá-los. Beto foi dormir logo após os golfinhos e Sofia permaneceu comigo no cockpit até às dez. A partir de então, eu estava sozinho na minha vigília. Às onze, eu já bocejava de sono e me segurava para não fechar os olhos. Mas eu ainda tinha algumas "boas" horas pela frente. Coloquei música, fiquei de pé, cantei, dancei, saltei... tentei me animar de tudo quanto foi jeito. Mas o que me fez acordar mesmo foi a tensão da noite escura que não me indicava nenhum ponto fixo de referência para eu seguir. Geralmente, no breu, nos guiamos com a referência das estrelas. Mas dessa vez, o horizonte estava coberto pela poeira do deserto do Saara que era levada pelos ventos por mais de 700 milhas náuticas da Costa da África. Se no céu eu mal conseguia ver as estrelas, na água o brilho do plâncton fluorescente continuava encantador. Mas eu, de fato, tenho uma missão difícil pelas próximas horas: manter o rumo 270 graus, sem piloto automático.

Baseava-me pela bússola, mas como ela tinha um atraso na leitura, acabei por desviar o curso da rota. Conforme os ventos sopravam, faziam com que o barco orçasse cada vez mais. As rajadas eram de 29 nós e a média de vento era de 23 nós. Sequer havia outro veleiro próximo de nós no horizonte para servir de ponto fixo. Olhei então bem para o alto, onde pude ver as Três Marias e outras estrelas também nítidas. Era quase impossível me basear em um ponto fixo tão à pino. Velejar assim é como jogar um peão e tentar equilibrar o brinquedo em uma bandeja enquanto se cavalga. A cada nova onda que me pegava pela popa, eu perdia novamente o rumo e o barco desestabilizava. Em alguns momentos eu vi a ponta da retranca quase tocar a água com o veleiro adernando. Não sei como os dois não acordaram com tanto balanço, mas imagino que o sono para eles não foi dos mais proveitosos.

Com todas essas dificuldades e, a cada minuto mais cansado, eu só pensava em não tirar o olho das Três Marias,

que bem ou mal, estavam me guiando.
Quando olhei para o horizonte, no rumo
oposto ao qual eu seguia, vi o brilho
da lua nascendo entre a poeira do deserto. Que alívio ter aquele lindo objeto celeste a me orientar! Apesar de
estar envolto pela poeira, o satélite
natural da Terra me servia como referência! Virei de costas para a proa do
barco e, com apenas uma mão, naveguei
por duas horas olhando para trás. Meu
corpo estava exausto. Eu já navegava há exatas oito horas sem descanso.
Nesse momento, chamei Beto pela porta.
Ele acordou imediatamente e se vestiu
para assumir seu turno. Quando eu soltei as mãos da roda do leme e me levantei para descer as escadas, minhas
pernas quase não me aguentaram. Me
sentia acabado! Precisei me esforças
para me levantar e fazer um café para
Beto. Ele continuou tocando o barco
ao final da minha jornada. Pelo menos
agora ele tinha a referência da luz da
lua para seguir o rumo para o Caribe.

Fui deitar e, mesmo com o balanço
desconfortável, dormi igual pedra.

DIÁRIO DE BORDO – DIA 06
01/12/2018

Posição: 21 11 N / 027 26 W
Milhas navegadas: 809 nm
Milhas para chegar: 1.958 nm
Velocidade média: 5,8 nós

    O dia amanheceu nublado, como era
de se esperar após a noite igualmen-
te nublada. Levantei às 8 horas e 45
minutos, com os solavancos da Atena
que brigava para se manter no curso.
Fui ao cockpit para ver se Beto estava bem. Sofia fazia companhia para
ele e brincou comigo me dando ordem
para voltar a dormir depois da noite
difícil que tive. Fui no banheiro e
voltei no mesmo pé para a minha cabine
na proa. Dormi por mais algumas horas.
Quando foi perto do meio dia, já não

conseguia mais ficar na cama, que balançava bastante com as ondas.

Para o almoço, preparei um wrap com tortillas ao estilo mexicano, com feijão picante, tomate e cebola caramelizada. Desci para a cozinha e de lá não saí durante os quarenta minutos seguintes. Sofia e Beto me chamaram para ver um grupo de golfinhos que se aproximou do barco, mas eu não pude me desocupar das panelas. Com o mar agitado, foi difícil finalizar o preparo do prato como eu esperava, então resolvi servir em três cumbucas, que nos facilitaram a vida na hora de comer o wrap.

À tarde, Beto foi dormir para se preparar para o turno da noite e Sofia ficou no leme enquanto eu escrevia um pouco e descansava. Não consegui escrever muito, pois mais um dourado fisgou a isca que estava corricando atrás do barco. Pelo envergamento da vara, percebi logo que era um dos maiores peixes que teríamos pescado até então. Pela força com que o barco navegava sobre as ondas, o pescado veio deslizando sobre a água. Sinal de que ele estava bem preso ao anzol. Recolhi a linha devagar para não arrebentar como da outra vez, enquanto Sofia comemorava termos peixe fresco para comer. E o bicho era lindo! Quando tirei o futuro jantar da água, ele estava reluzente feito ouro. Devia ter pelo menos uns cinco quilos, segundo minha estimativa.

Como Beto estava descansando, dessa vez fiz todo o trabalho sozinho. Peguei a tábua e a faca, sentei-me na popa do barco e comecei a limpar o peixe. Fiz o trabalho com a minúcia de um experiente sushiman. Cabeça, nadadeiras, barbatanas e o rabo joguei na água. Só sobrou a espessa carne do peixe e muito sangue no deck, que eu tive que limpar com água do mar antes de descer para a cozinha. Mais uma vez, levei o peixe direto para o forno.

Sofia continuou navegando e, quando foi umas oito da noite, Beto acordou. A louça do almoço tinha ficado na pia e eu prometi que quem lavasse tudo iria ficar com a melhor parte do dourado. Beto, bem espertinho, ganhou o prêmio. Jantamos com as luzes da lanterna, pois já era escuro. Nos deliciamos com tanta comida, que ainda se fez em sobras para o café da manhã do dia seguinte.

Beto assumiu o leme, eu fui escovar os dentes e me preparar para dormir. Sofia foi logo em seguida. Beto estava bem descansado e se propôs a levar o barco até às cinco da manhã. Completamos um terço da viagem até aqui, mas ainda temos muita água pela frente!

DIÁRIO DE BORDO - DIA 07
02/12/2018

Posição: 21 03 N / 030 00 W
Milhas navegadas: 934 nm
Milhas para chegar: 1.891 nm
Velocidade média: 5,6 nós

O relógio indicava seis da manhã. Eu estava completamente descansado. Sofia veio me chamar na cabine de proa. Como ainda estava escuro, ela preferia que eu trocasse de turno com Beto até que clareasse o dia. Beto estava só a "casca" de tão cansado. Ele sobreviveu à mesma situação que eu havia passado no turno de duas noites anteriores. A noite foi de céu nublado, o que dificulta o trabalho de se manter em linha reta, seguindo o rumo 270 graus. Trocamos as mãos da roda de leme e Beto apontou para a luz de um barco na nossa retaguarda. Provavelmente era um catamarã, pois navegava em um ângulo bem mais fechado que o nosso. Beto foi dormir e eu fiquei com a referência da lua decrescente a sorrir no céu para me guiar. Quando foi oito da manhã, na mesma hora em que o sol nasceu, Sofia se levantou. Estava bem-disposta e teve o melhor sono da viagem até então. Disse que, pela primeira vez, sonhou coisas tranquilas, apesar de acordar durante a noite com dor de barriga. Ficamos intrigados se teria sido algo de errado com o jantar anterior. Como só ela sentiu-se mal, julgamos que talvez tenha sido o seu estômago que não recebeu bem a comida.

Enquanto Sofia conduzia a Atena, eu fazia companhia para ela no cockpit. Aproveitei para atualizar meu diário de bordo.

Às treze e quinze, avistei duas torres brancas no horizonte, no rumo 250. Era um petroleiro que se dirigia de oeste para leste, para algum país africano. Trinta minutos depois, ele estava a 160 graus, sendo considerado tráfego superado.

Preparei um lanche de almoço pra gente com pasta de dourado (o mesmo que sobrou da noite anterior). Ficou bem saboroso.

Pescamos um novo peixe que eu não consegui identificar a espécie. Como não era tão grande, resolvi devolvê-lo ao mar. Isso porque já imaginávamos jantar outro tipo de comida, já que comemos peixe nas últimas refeições.

Beto acordou às quatro enquanto eu navegava. Avisei que tinha um sanduíche para ele na geladeira. Um peixe voador pulou no barco. Só vimos tempos depois, quando ele já estava morto. Beto atirou o "cadáver" para o mar.

O dia estava realmente muito bonito, diferentemente dos dois últimos dias que passamos com céu nublado. Resolvi fazer panquecas com chocolate derretido e banana flambada no rum de caramelo. Ficou bom pra caramba. O casal se surpreendeu com a minha ideia. Foi uma feliz surpresa para o final da tarde, que alegrou ainda mais o nosso dia.

Minutos antes de a noite cair, por volta de sete e vinte da noite, Beto sugeriu dar o jaibe e corrigirmos o rumo para 250 graus. Os ventos estavam fracos onde navegávamos e segundo a previsão, seria melhor descermos para a latitude 20 ou mesmo 19 graus Norte. Sofia ficou no leme e Beto e eu fomos para a proa para ajustarmos as velas. Fizemos a manobra com a máxima segurança, ainda mais coordenados do que das primeiras vezes.

Às oito e vinte, ligamos o motor para carregar as baterias e nos ajudar com um pouco de propulsão da "vela de aço". Como os ventos estavam abaixo dos 10 nós, foi melhor para não ficarmos tão atrás da flotilha do rally que, em grande maioria, navegava em latitudes ainda mais baixas que a nossa.

Às nove horas e dez minutos, Beto desceu para fazer umas batatas cozidas, pois queríamos comer algo rápido, nutritivo e fácil de preparar.

Descobrimos que o piloto automático tinha voltado a funcionar, mas só mantinha o rumo se o plotter estivesse ligado. Como o consumo de bateria é maior com o plotter ligado, deixamos algumas horas ele funcionando para avaliarmos se o conforto da navegação assistida seria possível sem descarregarmos muito as baterias. Sofia foi se deitar antes mesmo das batatas ficarem prontas.

Eu jantei às dez e, logo em seguida, fui para minha cabine. Beto combinou de ficar no turno da madrugada até às seis da manhã ou um pouco antes, se estivesse muito cansado. O motor funcionou a noite toda, pois os ventos baixaram para 9 nós.

DIÁRIO DE BORDO – DIA 08
03/12/2018

Posição: 20 15 N / 032 17 W
Milhas navegadas no dia: 996 nm
Milhas para chegar: 1.766 nm
Velocidade média: 3,8 nós

Hoje é aniversário do Beto! Sofia acordou às seis e meia da manhã e deu os parabéns para o amado logo cedo. Ela serviu um croissant e Nutella de café da manhã. Logo após, Beto foi dormir um pouco, depois de completar o seu longo turno da noite. Eu me levantei às nove e fui para o cockpit para me juntar à Sofia, que estava maravilhada com o nascer do sol. Neste dia, o amanhecer foi mesmo espetacular! Às nove e quinze, vimos um grande pássaro de pescoço longo voando sozinho no mesmo rumo que nós. Pela distância que estávamos do continente africano (mais ou menos 900 milhas náuticas), essa ave parecia também estar disposta a cruzar o Atlântico.

O piloto automático funcionou perfeitamente durante toda a noite anterior, mas sempre com o plotter ligado, descarregando as baterias.

Às onze e vinte, com ventos variando entre 10 e 13 nós, eu abri as velas. Com velas e motor, o GPS registrou velocidade média de 7 nós. Às 11 horas e 35 minutos, desliguei o motor e, depois das três e quinze da tarde, voltamos a navegar somente com o sopro dos ventos. Agora o veleiro fazia uma velocidade entre 5,7 e 6 nós. Decidimos manter o piloto automático e o plotter ligados para termos mais conforto durante os turnos. O mar estava igual a um tapete, se comparado aos dias anteriores. A temperatura da água, que já tinha sido registrada em 21 graus próximo das ilhas Canárias, agora marcava 24,7 graus no meio do Atlântico.

Fui à popa do barco com um balde buscar água salgada para o terceiro banho da viagem. Tudo que se faz no barco é mais trabalhoso do que se estivéssemos em terra firme. Mesmo um simples banho exige paciência, equilíbrio e disposição. Sofia foi a segunda da fila para banhar-se. Beto só tomou seu banho quando acordou para se preparar para a "festa" de seu aniversário. Como era dia de comemoração, coloquei um vinho branco para resfriar. Almoçamos os três, pela primeira vez ao mesmo tempo, graças ao piloto automático que trabalhava por nós.

Após o almoço, ficamos conversando no cockpit e aproveitei para mostrar aos dois um pouco deste diário de bordo que eu venho registrando desde que partimos das Canárias.

Às dezessete horas e cinquenta e cinco minutos, avistamos um veleiro no grau 150 em rota convergente com a nossa. Ficamos encantados com o encontro no meio do oceano e pegamos os binóculos para tentar ver que tipo de barco era e se seria alguém do rally que estávamos participando. Quando estávamos mais próximos, conseguimos notar a bandeira da ARC hasteada. Às seis e dez, percebemos que, se não tomássemos uma atitude, poderíamos colidir com a outra embarcação. Beto rapidamente ligou o motor e deu um "gás" a mais na nossa velocidade. Assim, avançamos pela proa do veleiro de 55 pés (cerca de 16 metros), de bandeira suíça, evitando uma manobra mais demorada e trabalhosa. Pela popa, acenamos aos quatro tripulantes que nos retribuíram a saudação e continuaram a nos observar, compartilhando a mesma curiosidade que tínhamos por eles até nos perdermos de vista.

Sofia apareceu com uma caixa de bolo instantâneo, comprada nas Canárias. Misturamos ao conteúdo da caixinha três ovos e 100 gramas de manteiga, como mandava a instrução. Levamos ao forno previamente aquecido a 160 graus e deixamos cozinhar por 35 minutos. Quando terminou, colocamos chocolate em grãos para um banho-maria e assim tínhamos a cobertura perfeita. Enquanto fazíamos toda essa função, Beto ajudou a dar uma limpeza geral na cozinha, aguardando que terminássemos o preparo do bolo para poder lamber a colher de chocolate derretido.

Às dez e meia da noite, cantamos "parabéns pra você". Beto contou que passou o aniversário anterior embarcado em um veleiro, mas não teve comemoração alguma. Naquela outro ano, ele não quis compartilhar com a tripulação que estava completando mais uma primavera. Nos seus 36 anos, tudo era mais especial, pois ele estava velejando em seu próprio barco, junto da sua esposa, e realizando um sonho.

Ficamos mais alguns momentos juntos, ouvindo música e assistindo às estrelas cadentes no céu. Beto desacoplou o piloto automático para levar o barco com suas próprias mãos e Sofia foi se deitar. Fui para minha cabine às vinte e três horas. Combinei que voltaria ao cockpit às três da manhã ou quando Beto estivesse cansado.

DIÁRIO DE BORDO – DIA 09
04/12/2018

Posição: 18 29 N / 033 46 W
Milhas navegadas: 1025 nm
Milhas para chegar: 1.704 nm
Velocidade média: 5,6 nós

    Eu dormia na cabine de proa quando ouvi uma insistente voz feminina chamar pelo nosso barco no canal 72, destinado para a comunicação das embarcações que estavam participando da ARC. Logo em seguida, por volta de três e vinte da manhã, escutei o motor ser ligado e fui ver se acontecia algo. Beto me contou que havia uma embarcação em rota convergente com a nossa e que a tripulação do outro barco nos questionava quais eram as nossas intenções. Para evitar um acidente, Beto ligou o motor e deu uma adiantada no seguimento da Atena. As máquinas só seriam desligadas depois de sete horas de navegação assistida, pois também era necessário recarregar as baterias.

Levantei para assistir ao nascer do sol. Sofia já tinha levantado e acompanhava Beto que estendeu seu turno, pois curtia a realização daquele momento.

Desci para a cozinha e preparei um café para nós, com torradas e "repeteco" do bolo do aniversariante. Acabamos com a travessa.

Apesar de ter passado a noite em claro, Beto nem pensava em ir descansar. Estava mesmo disposto a fazer mais coisas antes de ir dormir. Às dez da manhã, baixei os e-mails com as previsões meteorológicas para os próximos dias. O casal foi até a proa do barco para mudar um dos painéis solares de posição. Como havíamos desligado o motor, precisaríamos ter outra fonte de energia trabalhando para suprir a necessidade de eletricidade do piloto automático, do plotter e da nossa geladeira. Eles terminaram de ajustar o painel na popa e fomos ler o que a previsão do tempo sugeria de alteração na navegação.

Ao meio-dia em ponto, um peixe fisgou a isca e Beto trouxe o bicho para cima do barco. Era um lindo dourado, meio azulado. Percebemos que havia ovas na barriga da fêmea. Beto limpou o peixe. Estava impaciente para fazer o trabalho, muito provavelmente porque ele não tinha parado para descansar desde a noite anterior.

Resolvi fazer iscas de peixe frito empanado com farinha e só um arroz simples para acompanhar. O mar começou a apertar e o ânimo de todos ficou mais à flor da pele.

Decidi fazer um teste e pedi a Sofia que buscasse água do mar para o arroz. Foi um erro. Quando eu provei, estava muito salgado.

Após o almoço, Sofia e eu recomendamos que Beto fosse dormir, pois o humor dele estava péssimo e poderia influenciar a disposição de todos no barco. Beto entendeu a responsabilidade de estar descansado e foi se deitar. Assim, o clima continuou bom entre todos.

O barco continuava a mexer demais com as ondas, então eu fui ao cockpit e assumi o leme às duas da tarde. Sofia estava com sono, mas me fez companhia durante o turno do dia.

Às seis, pedi a ela que chamasse Beto, pois estávamos em condição ideal para mudar uma vez mais as velas e seguir um curso mais alinhado com o nosso destino no Caribe. Iniciamos a manobra, que foi feita com perfeição. Só nos esquecemos de recolher a linha da vara de pesca que acabou passando pela quilha e enrolando na hélice. Como o nylon era fino, não chegou a travar, mas perdemos uns 50 metros que ficou inutilizável. Às oito, preenchemos o logbook e recalculamos nosso estimado para Santa Lúcia. Reparamos que o medidor de velocidade do barco sobre a água voltou a funcionar. Provavelmente porque a linha de pesca passou pelo sensor embaixo do casco e destravou o que bloqueava o movimento do equipamento. Concluímos que há certos males que vêm para o bem.

Fui deitar às nove, pois à noite o turno ficaria sob a minha responsabilidade. Beto fez um penne à carbonara e ficou de me chamar por volta de meia-noite. Levantei com dez minutos de atraso e fui ao cockpit. Antes de assumir minha jornada, jantei a massa que eles fizeram. Beto me passou as informações necessárias de como tinha sido a velejada até então e foi se juntar a Sofia que já estava dormindo. Peguei minha roupa de chuva, pois a noite estava nublada e alguns pingos já indicavam que eu ia me molhar. Assumi o turno à uma da manhã. Vinte minutos depois, cruzamos com a proa de dois tráfegos que estavam a bombordo. Eram outros dois veleiros da ARC.

DIÁRIO DE BORDO - DIA 10
05/12/2018

Posição: 17 31 N / 035 53 W
Milhas navegadas: 1.225 nm
Milhas para chegar: 1.675 nm
Velocidade média: 6,2 nós

Durante toda a noite que se seguia, consegui manter o piloto automático ligado e isso facilitou bastantes o longo turno de vigília. Coloquei meu despertador para tocar a cada quarenta minutos e, dessa forma, eu acordava e conferia a proa que estávamos mantendo. Vasculhei todo o horizonte para ver se havia algum barco em nosso caminho ou por perto. Monitorei a intensidade e direção dos ventos que nos levavam em direção a Santa Lúcia, no Caribe.

Tirei esses cochilos até às oito e vinte da manhã, quando Sofia acordou e foi ao cockpit se juntar a mim. Apesar das cochiladas, eu estava exausto. Assim que o sol nasceu, meu sono foi embora. Fiz um café para nós e ficamos conversando enquanto os painéis solares carregavam as baterias com a forte luz da manhã.

Beto só acordou às onze e me agradeceu por levar o barco nessa última noite. Ele já tinha feito dois turnos seguidos na madrugada. Era importante que ele também descansasse.

Chegamos na metade da travessia! Tínhamos que comemorar e avaliar como a viagem estava sendo até aqui.

Calculamos o consumo de diesel de todas as horas que ligamos o motor para recarregar as baterias. Estávamos ainda com 2/3 da capacidade de combustível. Isso representava uma boa margem de segurança para o próximo trecho da travessia. Também avaliamos nosso estoque de comida e julgamos estarmos indo bem no consumo dos alimentos. Algumas frutas já estavam podres. Outros legumes resistiam a duras penas. A prioridade seria consumir o que estivesse estragando primeiro. Proteína de peixe a gente tinha certeza que não ia faltar. Depois do difícil começo, conseguimos pescar praticamente todos os dias. Não foi o caso hoje, pois o único peixe que fisgou nossa isca acabou arrebentando o anzol e fugindo. Mais sorte pra ele do que para nós.

Sem peixe para cozinhar, resolvi que ia atender ao pedido da Sofia que estava com desejo de comer algo bem brasileiro. Desci para a cozinha e descasquei mandioca (aipim ou macaxeira, como também é conhecida). Enquanto esperava o cozimento da raiz na panela de pressão, coloquei um vinho branco para resfriar. Me dediquei a preparar uma farofa de cebola e bacon, que minha mãe costumava fazer nos dias de feijoada em casa. A mandioca ficou pronta e eu a reservei do lado. Utilizei a mesma panela para preparar um feijão mulato. Com todos os ingre-

dientes prontos, subi os pratos para
o cockpit e almoçamos os três juntos.
Fizemos um brinde para celebrar a metade do caminho e ficamos conversando
por algumas horas.

Eu ainda não tinha descido para
descansar do turno anterior. Então,
às quatro, me despedi do casal e fui
para minha cabine. Não esperava dormir
tanto, mas fiquei deitado até às duas
da manhã. Eu estava bastante cansado,
mas depois desse sono todo, acordei
bem-disposto para voltar para o leme.

Sofia já estava deitada e Beto
levava o barco na mão. Como não havíamos jantado, esquentei um pouco da
mandioca e da farofa que tinha sobrado
do almoço. Assumi o leme com a proa
267 graus e, apesar dos fortes ventos
e das rajadas inesperadas, naveguei
sem grandes problemas. O mar estava
calmo nesse marco da metade da viagem.

DIÁRIO DE BORDO – DIA 11
06/12/2018

Posição: 17 06 N / 038 23 W
Milhas navegadas: 1.344 nm
Milhas para chegar: 1.475 nm
Velocidade média: 5,9 nós

    Passei as primeiras horas do turno pensando em como eu estava com saudades da minha família. Fiquei comparando o "deserto" do mar com o cotidiano da vida urbana. Tanta coisa deve estar acontecendo no mundo. Pensei em como são bons os meus amigos. São pessoas que me querem bem. Já faz tempo que não estou entre as pessoas que eu mais gosto, as quais eu sei que têm carinho por mim. Sei que muita gente deve estar orgulhosa pelo o que eu estou realizando. Para muitos, essa minha viagem é algo que transita em um imaginário muito distante da própria realidade. Eu queria poder compartilhar os momentos incríveis que eu estou vivendo.

Às seis horas da manhã, começou a chover. Corri para tirar do cockpit os equipamentos que não podiam molhar. Ainda estava escuro, mas eu podia ver que as nuvens acima de nós eram bem isoladas. Estes fenômenos são conhecidos no Atlântico como squalls, geralmente associados com ventos mais fortes e ondulações maiores.

A temperatura da água hoje chegou aos 25,6 graus. Sinal de que estamos mais próximos da linha do Equador e do Caribe. O indicador de vento registrava 25 nós de vento constante e rajadas de até 29 nós. Até então, eu estava levando o veleiro na mão, mas, com a chuva a molhar o cockpit, preferi colocar no piloto automático. A minha paz não durou muito tempo, pois as ondas estavam fortes demais para o sistema dar conta de não adernar muito o barco. Retomei a navegação e segui assim até às oito e vinte da manhã, quando o sol começou a raiar.

Sofia acordou e veio juntar-se a mim. Como o mar agora estava muito mexido, ela preferia ficar no cockpit ao invés de rolar de um lado para o outro na cama. Joguei novamente a isca para tentar pescar logo cedo. A ideia do chef era fazer peixe com molho de coco, pimentões, arroz com farinha e mandioca. Às dez e vinte, uma gaivota solitária sobrevoou o barco em círculos. Engraçado esses encontros no meio do Atlântico. "Como pode um animal tão pequeno ser capaz de voar para tão longe?"

Enquanto eu aguardava o almoço ser pescado, resolvi tirar uma soneca. Deixei o piloto trabalhando por mim, já que agora os painéis solares exerciam sua função de carregar as baterias. Quando deu onze da manhã, o peixe fisgou. Às onze e meia, o peixe estava limpo e, ao meio-dia, em ponto, na panela curtindo no limão.

Acrescentei também outros ingredientes para temperá-lo. Beto permaneceu dormindo até treze horas e cinquenta e cinco minutos. Quando ele acordou, levei o peixe ao forno e preparei o arroz. Comemos juntos no cockpit, mas com muito balanço. Abrimos um vinho tinto para acompanhar a refeição.

Hoje também foi dia do quarto banho da viagem. Essa tarefa é sempre uma função demorada, pois temos que coletar água salgada do mar para economizarmos os limitados litros de água doce dos tanques do veleiro. Os ventos continuaram fortes, mas o mar foi dando trégua com o passar do dia. Assim, só nos restou aguardar o pôr do sol, exatamente na nossa proa. Beto continuou levando o barco no final da tarde e início da noite. Ligamos as luzes de navegação quando começou a ficar escuro e fui descansar. O turno da noite ficou por conta do Beto.

DIÁRIO DE BORDO - DIA 12
07/12/2018

Posição: 16 29 N / 040 51 W
Milhas navegadas: 1.432 nm
Milhas para chegar: 1.356 nm
Velocidade média: 5,5 nós

Acordei às quatro da manhã para assumir o próximo turno de navegação, como combinado com Beto. Dormi muito mal à noite. O barco balançou muito com as ondas durante a madrugada. A cabine de proa, onde eu tenho dormido, é, de fato, o lugar que mais balança no barco.

Subi ao cockpit e Beto resistia nas últimas forças para não dormir. Me alimentei com um bolinho que tinha sobrado do dia anterior e meu amigo foi comer algo antes de se deitar. Não jantamos na noite passada, então a fome apertou na madrugada. Beto ainda me contou que um peixe-voador se jogou no cockpit e que ele utilizou a caneca do café para devolver o bicho ao mar. Ainda bem que eu não fiz café pra mim com a mesma caneca que ele "resgatou" o peixe. Ligamos o motor às quatro e vinte para dar uma carga nas baterias e Beto foi deitar. Eu fiquei responsável por desligar as máquinas duas horas depois.

Às seis e vinte, desliguei o motor e Sofia apareceu novamente no cockpit sentindo muita dor nas costas. Depois de tomar um remédio, sentiu-se melhor e foi para dentro do barco. Olhando para o céu estrelado com nuvens esparsas, observei muitas estrelas cadentes. Por brincadeira, contei 41 meteoritos luminosos no período de duas horas. Me guiei pelas constelações até começar a clarear o dia. Liguei o piloto automático e me deitei ali no cockpit, só monitorando com os olhos a direção dos ventos e o rumo que mantínhamos.

À uma hora, uma grande nuvem, com direito a arco-íris, derramou chuva pelo nosso caminho. Mas não foi capaz de nos refrescar... Quanto mais nos aproximamos do Caribe, mais quentes são os dias com o intenso sol no meio do mar. Beto acordou à uma e vinte e fez um café com leite condensado e rum para tomarmos. Essa foi uma das invenções gastronômicas mais legais da viagem. O tal café com leite e rum foi apelidado de leche--leche de pirata, fazendo referência à bebida que costumávamos pedir nas Ilhas Canárias.

Às treze horas e quarenta e dois minutos, uma nova nuvem trouxe chuva. Ela passou por trás de nós e, de novo, perdemos a chance do banho natural. Não que precisássemos da chuva para nos banharmos, mas seria divertido e economizaríamos água doce dos tanques. Beto foi lavar a louça do dia anterior e tirar o lixo. Os sacos cheios, nós estocávamos no paiol da proa. Eu preparei um aperitivo de três tipos de salames que comprei nas Canárias, com limão espremido e mostarda de dijon. Ficou ótimo! Logo depois, fiz lentilhas com bacon e linguiça. Servi às seis horas, com cebola frita por cima. Esse foi um "almo-janta".

Após a refeição, tomamos um café e ouvimos um pouco de música enquanto assistimos ao belo pôr do sol no horizonte. Com a chegada da noite, ficamos observando o céu estrelado ao som de "What a Wonderful World", de Louis Armstrong. Até a lua aparecer, somente o brilho das estrelas "constelavam" no escuro do céu. Sem a interferência do luar também foi possível observarmos alguns satélites artificiais girando em órbita com a Terra. Eles viajam a 27 mil quilômetros por hora, mas, daqui de baixo, parecem transitar bem devagar, silenciosos e discretos entre as estrelas de luz mais intensa. Vimos cinco satélites nesta noite. A Atena flutuava na água, deixando a esteira de plâncton fluorescente para trás. Às dez, eu fui me deitar e combinei com Beto que assumiria novamente o turno a partir das quatro da manhã, como estávamos fazendo nos últimos dias.

DIÁRIO DE BORDO - DIA 13
08/12/2018

Posição: 16 03 N / 043 06 W
Milhas navegadas: 1.511 nm
Milhas para chegar: 1.268 nm
Velocidade média: 4,6 nós

Treze dias no mar! Caramba. Parece que o tempo não passa...

Acordei às três horas da manhã com o balanço do barco e não consegui mais dormir. Espiei Beto jantando de madrugada a lentilha com linguiça que tinha sobrado do dia anterior. Quando ele voltou para o cockpit, eu esperei mais uns dez minutos e fui fazer companhia para ele. Ele estava muito cansado e precisava dormir. Fiz um café para mim e trocamos o turno um pouco mais cedo do que havíamos combinado.

A noite continuava linda e não havia uma nuvem sequer no céu. Segui navegando com o veleiro em minhas mãos até às seis, quando começou a me bater sono. Coloquei no piloto automático e fui monitorando a direção que seguíamos pelo instrumento que indicava o rumo 274 graus, com destino ao Caribe.

Sofia acordou às oito e quinze da manhã. Com sua chegada, passei o turno para ela e fui deitar mais confortavelmente na sala. Uma leve chuva caiu sobre o barco, mas nada muito forte. Eu só levantei novamente às onze horas. Preparei torradas para o café da manhã e me juntei aos dois no cockpit. Falamos sobre estarmos cansados da viagem. Entramos na terceira e última semana da travessia e meu corpo sente bastante o esforço diário da navegação sem pausa. Nessas condições os olhos fecham por exaustão e os músculos doem em lugares que nunca doeram. É incessante a tentativa do corpo de se manter em equilíbrio, mesmo deitado.

Às quinze horas e vinte e cinco minutos, fomos acometidos por uma grande nuvem de squall que acelerou o barco com rajadas de ventos de 35 nós. Enfim, a tão esperada chuva forte caiu. Choveu durante vinte e cinco minutos, apenas. Beto ficou na roda de leme, propriamente vestido com a roupa impermeável.

O jantar ficou pronto às oito e meia da noite. Uma onda inesperada pegou o barco pela popa e adernou o veleiro em um ângulo bem crítico bem na hora que eu ia servir um fusilli com molho bechamel. Um pote com alho em conserva saltou do armário e bateu na borda da panela, enchendo a pasta com alho e, pior, com vidro! Que sentimento de frustração. Eu já tinha provado o prato e estava muito bom. Beto, que tirava uma soneca, acordou com o bruto movimento do barco e com o barulho do frasco quebrando. Voltei ao cockpit e contei aos dois o que passou. Sugeri que talvez eu conseguisse salvar a comida da panela, mas que, se quiséssemos comer, teríamos que ter muito cuidado. Famintos, todos concordamos em tentar comer o fusilli. Então eu servi as porções retirando os maiores pedaços de vidro que eu consegui enxergar (com a luz da lanterna). Quiçá, ingerir a pasta "acidentada" tenha sido um dos maiores riscos que corremos durante toda a travessia. Uma hemorragia interna no meio mar pode ser fatal. Ao final do jantar, ninguém saiu "ferido".

Durante meu turno da noite, avistei pela proa uma embarcação seguindo o mesmo rumo que o nosso. Naveguei com ventos calmos até às duas da manhã, quando algumas rajadas de até 29 nós colocaram um pouco mais de emoção na navegação.

Beto acordou às três e, como havíamos combinado, foi me encontrar no cockpit. Eu não estava cansado e sabia que, se ele descansasse por pelo menos uma hora a mais, se sentiria melhor no dia seguinte. Combinamos então que ele retornaria às quatro. Continuei navegando e escutando música enquanto admirava o céu estrelado acima da minha cabeça.

DIÁRIO DE BORDO – DIA 14
09/12/2018

Posição: 15 16 N / 044 59 W
Milhas navegadas: 1.631 nm
Milhas para chegar: 1.189 nm
Velocidade média: 5,7 nós

Levantei às nove horas e quinze minutos da manhã, pois já não conseguia mais ficar na cama. Sofia e Beto ouviam música brasileira enquanto ela levava o barco. Estávamos mantendo o rumo 240 graus, pois o vento tinha virado um pouco e esse era o melhor ângulo que conseguíamos fazer. A essa altura, já estávamos quase no mesmo paralelo de Santa Lúcia. Agora tínhamos que tentar manter os 265 graus para navegarmos sem derivar do nosso destino.

Preparei torradas com açúcar e canela para o café da manhã. Pode ser impressão nossa, mas, quanto mais nos aproximamos do Caribe, mais azul é a água do mar. Outro sinal de que estamos nos aproximando é a presença de algas boiando sobre as ondas. O termômetro já registrava a temperatura da água em quase 27 graus Celsius.

Ao meio-dia e meia, perguntei o que todos queriam almoçar. Chegamos à conclusão de que seria uma boa ideia comermos feijão preto. Para incrementar o cardápio, disse que eu ia colocar linguiça na mistura e preparar um molho de vinagrete à campanha, com cebola e pimentão. Eu também teria acrescentado tomates se ainda tivéssemos, mas todos os nossos alimentos mais frescos já estavam praticamente podres depois de quatorze dias no mar. Servi a nutritiva refeição após quarenta minutos de preparo. Ainda acrescentei um pouco de farinha no feijão e um ovo com gema mole para enriquecer de proteína nosso almoço.

Após a refeição, fui deitar e fiquei na cama por umas boas quatro horas. Nem mesmo o dourado que fisgou nossa isca ou a movimentação do casal no cockpit me convenceu levantar. Além de tirar o peixe da água, Beto fez todo o trabalho de matar e limpar o pescado. Ele ainda colocou o dourado no limão para ir curtindo com o tempero cítrico. Quando eu acordei, algumas horas mais tarde, me juntei aos dois para assistirmos ao pôr do sol, após mais um dia de navegação pelo Atlântico. Quando o relógio indicou nove da noite, resolvi finalizar o tempero do peixe e levá-lo ao forno com batatas, cebola, farinha e manteiga. Beto e eu jantamos sozinhos às dez e quarenta, enquanto Sofia descansava. Afinal, ela tinha feito todo o turno da tarde no leme embaixo do sol quente.

Com o barco singrando as ondas, colocamos um pouco de música clássica para curtirmos a noite. Ouvimos Mozart e Bach durante a refeição servida. A lua estava na sua fase crescente e apenas um pedacinho dela podia ser visto. Às onze e vinte, iniciei meu turno, enquanto Beto se preparava para ir dormir.

Às onze e quarenta, ligamos o motor para carregar um pouco as baterias da Atena. Naveguei com o motor ligado por duas horas. À uma e meia, observei, à boreste, uma embarcação se aproximando de nós. Com a noite escura, não pude identificar que tipo de barco era. Junto com esse anônimo elemento avistei nuvens baixas bem escuras pela popa do nosso veleiro. Elas pareciam trazer chuva consigo. Coloquei o barco no piloto automático e desci para vestir minha roupa impermeável. Às duas e meia da madrugada, senti os primeiros pingos no rosto. As rajadas de vento foram de 32 nós. Tive certa dificuldade para manter o rumo certo, mas aguentei firme até que esses squalls passassem. A outra embarcação que navegava próximo de nós continuava ao meu lado, mas, aos ligeiramente, ia me "vencendo" com sua velocidade maior. Navegamos juntos até às 2 horas e 45 minutos. Às três e quinze, Beto acordou e veio ao cockpit para trocar o turno comigo. Como eu ainda estava bastante desperto, disse para meu amigo ir descansar por pelo menos mais duas horas. Eu ainda tinha condições de continuar navegando.

Às cinco da manhã, outro squall veio em nossa direção e mais rajadas de vento fizeram o veleiro ganhar velocidade. Com as velas rizadas para a noite, chegamos a uma boa velocidade. Atingimos a máxima de 7 nós nesse período. Às cinco e meia, outro squall veio para cima de nós, fazendo com que o veleiro adernasse. Vinte minutos depois, desci para dentro do barco e chamei Beto. Agora eu estava cansado, precisava parar. Beto levantou, se vestiu com a roupa apropriada e foi assumir o leme.

Antes de apagar no sofá da sala, comi um chocolate, escovei os dentes e deitei para descansar depois do longo turno.

DIÁRIO DE BORDO - DIA 15
10/12/2018

Posição: 14 14 N / 047 14 W
Milhas navegadas: 1.796 nm
Milhas para chegar: 1.069 nm
Velocidade média: 5,9 nós

Quinze dias no Atlântico. As coisas parecem não mudar muito... A rotina é quase a mesma. Não estou entediado. Tampouco vou ceder a tentação de ficar ansioso por chegar. Meu humor não pode depender de algo que eu não controlo.

Acordei às nove e quinze da manhã com o forte movimento do barco e um barulho intenso sobre o casco que até então eu não tinha ouvido. Era um peixe voador se debatendo no deck do barco, desesperado para voltar para a água. Eu não pude dormir nem três horas. Estava exausto e um pouco irritado com a interrupção do meu sono. Fui encontrar Beto e Sofia no cockpit.

Os ventos mudaram nas últimas horas. Já estamos muito próximos do paralelo de mesma latitude que Santa Lúcia. Desviar rumo para noroeste não nos atrasaria. Pelo contrário, ajudaria o barco a cortar melhor as ondas junto com o swell que vinha da mesma direção. A previsão era para o mar crescer ainda mais nas próximas horas. Apesar de eu estar morrendo de sono, fui ajudar meu amigo. Sofia ficou no leme e fez um ótimo trabalho, corrigindo a rota e mantendo a proa. Após a manobra, fui deitar novamente para tentar descansar mais. Os dois ficaram juntos navegando.

Acordei novamente à uma e meia, mais descansado, mas um tanto quanto incomodado com as ondas que me faziam rolar de um lado para o outro na cama da sala. Nós ainda temos cinco dias pela frente! O mar agitado continua testando o meu humor. O maior desafio até aqui tem sido o psicológico. Estamos indo bem, mas temos que resistir um pouco mais.

Perguntei se o casal tinha almoçado e eles disseram que não, apesar do Beto se servir do feijão que eu cozinhei no dia anterior. Fui esquentar o restinho desse mesmo feijão para comer de café da manhã, pois eu estava com fome. Para mim, "repeteco" do dia anterior tem sempre um sabor bom. Recomendei que, se alguém estivesse com fome, que comesse qualquer besteira para ir tapeando o apetite. Com esse mar batendo, eu não estava muito disposto a cozinhar. Como todas as refeições que fizemos a bordo até aqui foram boas, pensei que podíamos ter um almoço mais "relaxado" por hoje. Todos concordaram, e Beto pegou umas batatinhas fritas de saquinho para beliscarmos e depois trouxe pêssegos e abacaxi em calda com doce de leite de sobremesa. Definitivamente, o doce ajudou a melhorar o meu humor.

Sofia assumiu o leme às quatorze horas e quarenta e cinco minutos. Beto foi descansar e eu iniciei o ritual do quinto banho da viagem até aqui.

Quando terminei de me lavar, foi a vez da Sofia banhar-se e eu assumi o leme até Beto acordar. Assistimos ao pôr do sol juntos e comecei a me organizar para fazer o jantar. Como havíamos comido pouca coisa "substanciosa" no almoço, resolvi fazer um bolo de carne recheado com pimentões e queijo. Beto se adiantou para lavar as panelas que eu ia usar. Às nove e meia, eu estava com a mão na "massa". Ou melhor, na carne. De tempero, usei cebola, o próprio pimentão que também foi para o recheio, sal e um molho balsâmico com teriyaki. Levei a travessa ao forno por cinquenta minutos, sem deixar de regar a carne com seu próprio molho a cada dez minutos. Às dez e quarenta, o jantar estava servido.

O mar está muito mexido. Após comermos, eu assumi o comando e reduzimos a área vélica da genoa para não passarmos por nenhum susto durante a navegação noturna. Às quinze para as duas, liguei o motor para dar uma carga na bateria. Continuei navegando e observando as estrelas quando, de súbito, uma onda gigante invadiu o cockpit pela popa e me deu um banho inesperado. Levei um baita susto, pois não estava esperando por aquilo e nem vestia minha roupa impermeável. Eu tinha tomado banho mais cedo e fiquei novamente melado com a água salgada.

Beto apareceu às três da manhã no cockpit, como havíamos combinado. Eu disse a ele que aguentaria mais uma hora no turno. Antes de ele ir se deitar, me pediu para girar as máquinas por uma hora. Se o motor começasse a falhar, era para eu desligar, pois o diesel estava para acabar e não podíamos deixar que entrasse ar na linha do combustível. O motor deu seus primeiros engasgos após quarenta e cinco minutos. Cortei imediatamente a ignição.

Beto voltou ao cockpit às quatro e dez e iniciamos a troca do turno. Avisei sobre o que tinha se passado com o motor. Combinamos que, quando o sol nascesse, encheríamos o tanque utilizando o reservatório de quatro galões de 20 litros cada que trouxemos para reabastecer no meio do oceano. Fui deitar por volta das cinco horas da manhã.

DIÁRIO DE BORDO – DIA 16
11/12/2018

Posição: 14 13 N / 049 46 W
Milhas navegadas: 1.941 nm
Milhas para chegar: 904 nm
Velocidade média: 5,3 nós

O dia só clareou às oito e vinte. Beto começou a sacar os galões de diesel extra do paiol para reabastecermos o barco. Com o mar agitado, foi difícil nos equilibramos e ao mesmo tempo transferir o combustível pelo funil colocado na entrada do tanque. A operação foi bem-sucedida e sem vazamentos.

Voltei a abri os olhos somente ao meio-dia. Dessa vez, mais descansado. Assim, fui me juntar aos dois no cockpit. Beto ficou um tempo por ali, mas foi logo se deitar. Sofia e eu conversamos sobre as sensações da travessia. Não estávamos com pressa de chegar ao Caribe, mas nosso pensamento navegava à frente do barco. Estamos ansiosos para saber como será a vida depois dessa incrível experiência. Tantos dias no mar, desconectados do mundo, é algo novo para nós. A lentidão do barco pode cansar, mas não atrasa em nada. É escolha nossa estarmos aqui. Ter tempo para contemplar a natureza é o melhor passatempo. Só se vê literalmente algo quando paramos para apreciá-lo. Seria o oceano mais superficial se as palavras com as quais eu o defino se resumissem apenas ao contraste com o azul do céu que lhe atribui sua cor. Mas, só conhece a profundidade do mar aquele que mergulha no abismo de pressão insuportável aos seres terrestres e transforma em palavras o que se busca profundamente no seu vocabulário imagético.

Às três da tarde, comecei a preparar o almoço. Como ainda tínhamos bolo de carne do jantar do dia anterior, preparei um arroz simples e misturei com a carne. Às quatro, acordamos Beto e o almoço foi servido. De sobremesa, tivemos abacaxi e pêssegos em calda com leite condensado. Os nossos preferidos!

Após o almoço, Beto foi ajustar novamente os painéis solares para um lugar que pegasse mais sol no barco. Eu assumi o turno da tarde. Sofia fez o turno do final da tarde e início da noite. Às oito e quinze, comecei meu ritual para descansar. Meia hora depois, eu dormi embalado pelas ondas do Atlântico que nos carregam gentilmente até o outro lado da "poça".

DIÁRIO DE BORDO - DIA 17
12/12/2018

Posição: 14 30 N / 052 06 W
Milhas navegadas: 2.125 nm
Milhas para chegar: 759 nm
Velocidade média: 5,6 nós

    Meu despertador tocou às quatro
da manhã como eu havia programado,
mas, se não fosse Sofia me acordar,
eu perderia a hora. Estava em um sono
tão profundo que tudo o que eu menos
queria era despertar. Entretanto, eu
tinha que assumir meu turno na madrugada e, por isso, fui ao cockpit ver
como Beto estava. Ele ficou muitas horas na roda de leme e também precisava
dormir. Pedi a ele que aguardasse eu
esquentar o jantar da noite anterior
para me alimentar. Como eu não tinha

comido nada, estava faminto. Em seguida, preparei um café frio com leite condensado para dar mais um estímulo. Como de costume, antes de assumir o barco, conversamos sobre como estavam as condições e o rumo que seria mais confortável seguir. Trocamos as mãos no leme e Beto foi comer algo também. Meu objetivo era levar o barco até às oito da manhã, quando Sofia acordasse para navegar.

Com muita dificuldade, eu lutei para me manter acordado. Os fracos ventos empurravam lentamente a Atena. A sensação de pouco deslocamento é como sonífero. Os ponteiros encontraram a marca das oito horas no meu relógio, mas Sofia não se levantou. Esperei dez minutos e desisti de lutar contra o sono. Liguei o piloto automático e deitei ali mesmo. Sofia subiu ao cockpit às nove da manhã. Ela desligou o piloto e assumiu o leme. Eu permaneci um tempo com ela e, como estava exausto, deitei na sala. Dormi até ao meio-dia e quinze, quando, mais descansado, levantei e fui fazer um café e torradas. Beto acordou meia hora depois, mas ficou mais alguns minutos deitado.

Hoje conversamos sobre os desafios de chegar até aqui e o quão importante está sendo a participação de cada um na travessia. Faltam poucas milhas para aportarmos. Temos que tentar manter o bom humor até o fim. Beto foi conferir os e-mails da previsão do tempo e as condições do mar para as próximas horas. Sofia permanecia no leme e pediu ao Beto que abrisse mais um pouco a genoa para "acelerarmos" o barco. Eu concordei com ela e reforcei que 1 nó a mais de velocidade final seria equivalente a, pelo menos, vinte por cento de ganho na velocidade do barco. Meu amigo concordou conosco e nós abrimos mais a genoa.

Enquanto isso, tomei o sétimo banho da viagem. A ideia era só me refrescar um pouco com água salgada no deck de popa, mas acabei usando shampoo e sabonete. Foi uma ótima ideia. A água do mar estava em 26,8 graus

Celsius. Após o banho, servi um far-
falle com pasta de atum, milho e maio-
nese. As refeições a bordo são muito
importantes, pois trazem um conforto
imediato para o estômago que reflete
para todo o corpo. Após o almoço, fui
atualizar meu diário de bordo e tirar
uma merecida siesta.

Levantei às nove e quinze para me
preparar para a troca de turno. Beto
ficou no comando do barco até às dez.

A lua, que sorria no céu em sua
fase crescente, se despediu de mim no
firmamento à uma hora e quarenta minutos da manhã. Me restou a companhia
das estrelas. A temperatura da noite
estava tão agradável que eu naveguei
só de camiseta por um bom tempo. Já
podia sentir na pele o calor do Caribe que nos espera algumas milhas mais
à frente. Quando deu duas da manhã,
coloquei no piloto automático por
vinte minutos para descansar um pouco
e escrever certos pensamentos neste
meu diário. Ainda teria mais algumas
horas pela frente e mais rajadas de

vento de 29 nós. Levantei para fazer xixi pela popa do barco e reparei que a esteira luminosa de plâncton que nos seguia por todo o Atlântico agora era menos intensa. Às duas e meia, a tal rajada de 29 nós veio implacável junto com uma nuvem preta logo acima da minha cabeça. Segurei o leme para evitar a orçada, mas foi impossível não fazer um movimento brusco com o barco. Beto acordou com a guinada e apareceu com a cabeça no cockpit para saber se estava tudo bem. Ele voltou pra cama e eu segui navegando sem grandes problemas.

Às três e quarenta, faltando apenas vinte minutos para eu terminar o meu turno, olho para boreste e levo um susto. Duas luzes vermelhas, indicavam claramente que havia uma embarcação para cruzar a nossa proa! Me levantei de imediato para tentar avaliar a distância que estaríamos um do outro e estimei menos de 200 metros. Isso é muito pouco em um oceano. Corri para pegar o rádio portátil e fazer contato ou receber um chamado. Me antecipei e desviei o curso em 25 graus para boreste, a fim de passar pela retaguarda do barco não identificado. Nós sabíamos que, quanto mais nos aproximássemos do Caribe, mais encontros desse tipo aconteceriam. Essa é uma área de convergência de navios no Caribe. Nesse momento, Beto acordou e eu o avisei do tráfego à nossa frente. Monitoramos os dois canais de rádio, o 16 e o 72, que era o combinado para ser utilizado pelos barcos da ARC. Eu acendi a minha lanterna de cabeça, iluminei as nossas velas e joguei o foco na direção do veleiro anônimo. A embarcação cruzou a nossa frente sem se comunicar. Quando já enxergávamos a sua luz de popa, o capitão, com forte sotaque italiano, nos chamou no canal 16. Ele nos informou ser um veleiro com sete pessoas a bordo, que vinha de Mindelo, no Cabo Verde. Disse que monitorava nosso tráfego pelo radar. Eu não acreditei. Penso que ele tirava uma soneca. Respondemos que estávamos com contato visual e que seguiríamos a proa 295 graus para Santa Lúcia. Ele ainda informou que navegavam há onze dias e confirmou que rumavam para a Martinica. Passado o susto e sem nenhuma outra ameaça a navegação, Beto preparou um café e assumiu o leme. Esperei a adrenalina do súbito encontro baixar e fui deitar para descansar depois de seis horas consecutivas navegando pela madrugada.

DIÁRIO DE BORDO - DIA 18
13/12/2018

Posição: 15 04 N / 054 28 W
Milhas navegadas: 2.277 nm
Milhas para chegar: 575 nm
Velocidade média: 5,4 nós

Dezoito dias no mar! A provação de ficar tanto tempo sem contato visual com nenhum pedaço de terra e ter, apenas, a companhia dos astros celestes ou o impessoal encontro com outras embarcações faz sentir-me solitário nesse ambiente.

Acordei às 11 horas e 45 minutos e fui ao cockpit. Sofia estava sozinha enquanto Beto descansava na sala. Peguei nosso tablet e o modem via satélite para atualizar as posições no diário de bordo. Com essas informações, tínhamos o tracking perfeito de toda a viagem até aqui. Pelos cálculos que fiz, ao meio dia, nos faltariam 67 horas de navegação (dois dias e dezenove horas), se mantivéssemos a mesma média de velocidade das últimas 24 horas. A data e o horário (local) previsto para a chegada era dia 16 de dezembro de 2018, às sete da manhã.

Sofia me avisou que o instrumento que informa a velocidade do barco tinha parado de funcionar de novo. Possivelmente, o dano tenha sido causado pela enorme quantidade de algas flutuantes que atravessaram em nosso caminho. De fato, aumentou muito a presença delas. Sinal de que estamos mais próximos de terra e de águas menos profundas. Às treze horas, desci para fazer um café da manhã tardio e colocar algo para dentro do estômago. Uma vez mais não jantei na noite anterior. Fiz torradas para mim e para Sofia, que continuava entretida levando o barco.

Em seguida, assumi o leme para que ela pudesse descansar um pouco. A "desbravadora de oceanos" já estava a mais de cinco horas conduzindo o barco e o sol começou a castiga-la. Beto continuou deitado por mais algum tempo. Às quatorze horas e trinta e cinco minutos, eu abri mais a genoa. O vento estava bem constante e não tínhamos previsão de rajadas para a tarde. Assim, aumentamos um pouco mais a velocidade de deslocamento do barco. Meu amigo acordou às dezesseis horas e foi lavar a louça. Sofia e eu trocamos o turno e eu fui descansar antes de preparar o almoço.

Às cinco da tarde, desci para a cozinha e, atendendo aos pedidos da tripulação, me coloquei a preparar uma salada de quinoa para todos. Nesse dia quente, uma refeição fria era a melhor pedida. Hidratei a quinoa com água quente e, após esfriar, acrescentei palmito picado, alcachofra, tomate, milho, cebola e uns pedaços pequenos de pimentão. Tudo o que tínhamos em conserva. Almoçamos

às dezoito horas ao som de música
instrumental espanhola, desfrutando
a comida que mais uma vez garantiu
o sorriso de todos. Após a refeição,
Sofia assumiu o leme e Beto fez companhia para ela. Às oito horas da noite, desci para a sala e fui descansar
para o meu próximo turno de navegação
que se iniciaria à meia-noite.

DIÁRIO DE BORDO – DIA 19
14/12/2018

Posição: 15 30 N / 056 49 W
Milhas navegadas: 2.435 nm
Milhas para chegar: 423 nm
Velocidade média: 5,4 nós

O meu despertador tocou pontualmente à meia noite. Coloquei mais quinze minutos para tentar dormir mais. Não consegui descansar o quanto eu esperava, pois fazia muito calor dentro do barco. Entretanto, eu precisava assumir meu turno. Levantei e fui ao cockpit. Sofia tinha servido uma porção de quinoa para Beto e outra para mim, esperando que eu também fosse comer. Me sentei ao lado deles e comemos juntos enquanto conversávamos. A lua estava linda no céu e essa era uma das noites mais bonitas pelas quais havíamos passado. Sofia foi deitar à meia noite e quarenta, enquanto Beto e eu conversamos um pouco sobre como tinha sido o turno pelas últimas horas.

Comemos frutas secas e ele me passou o comando da Atena. Notei que o leme estava mais pesado do que de costume. Ele disse que poderiam ser as algas criando arrasto. Ao longo da noite, a manobrabilidade melhorou. Meu amigo só foi deitar à uma e vinte. Eu disse a ele que eu aguentaria velejar por um tempo a mais do que o combinado. Assim, ele também poderia descansar mais. Decidimos que às 05h30 ele voltaria ao cockpit. À uma e quarenta, a lua, antes de se pôr no horizonte, se escondeu atrás das nuvens. Durante a madrugada, achei uma garrafa de rum rolando no cockpit. Ela estava pela metade. Resolvi animar meu turno e tomei alguns goles, enquanto ouvia música para passar o tempo. Beto voltou no horário combinado e, então, eu fui descansar.

Quando amanheceu, Sofia foi ao cockpit se juntar ao marido e iniciar o turno dela. Eu abri os olhos às onze e meia, mas permaneci deitado até o meio-dia. Com o balanço interminável do barco os músculos ficam o tempo todo se contraindo e se esforçando para manter o equilíbrio. Isso faz com que, mesmo estando deitado, eu me "canse" no descanso. Me juntei à Sofia e Beto foi se deitar na sala. Ao meio-dia e meia, assumi a embarcação. Naveguei por duas horas seguidas. Antes de passar novamente para ela o comando, pegamos a melhor chuva da viagem. Os ventos trouxeram um squall gigante. Registramos rajadas de 41 nós! Pude sentir a força da natureza na ponta dos meus dedos que brigavam com a roda de leme para manter o rumo. A cada sopro de vento, o barco pedia para orçar mais e mais. Eu vibrei com aquilo. Como eu estava no comando, o casal abrigou-se na área protegida. Apesar da chuva só ter durado dez minutos, esse momento foi o mais empolgante do dia pra mim! Com o fim desse intenso fenômeno da natureza, o sol voltou a brilhar e a castigar nossa pele.

Beto identificou um estai que segura o mastro com fragilidade. Tentamos dar uma solução para reforçar o material. Chegamos à conclusão de que, como estávamos relativamente perto do nosso destino, não teríamos problemas até chegarmos em Santa Lúcia. Lá, faríamos um reparo mais adequado. Sofia ficou no comando e eu desci para preparar um lanche de atum para todos. Com o forte calor, queríamos mesmo algo mais leve de almoço. Às cinco da tarde, um dourado gigante fisgou nossa isca. Perdemos o pescado. A Atena avançava com bastante velocidade cortando as ondas sem parar e o bicho era grande demais para suportar a pressão. Tivemos que recolher a linha vazia e sem a isca que foi junto com o animal.

Às dezoito horas, deitei um pouco, mas antes atualizei o meu diário de bordo. Às dezenove, escutei os dois discutindo no cockpit. Corri para ver o que estava acontecendo e meu amigo me pediu ajuda para darmos o jaibe. Com a variação dos ventos e com a proximidade do Caribe, precisávamos começar a descer em latitude para não sairmos do rumo de Santa Lúcia. Ajustamos as velas e eu voltei a deitar. Beto ficou de me chamar quando estivesse cansado.

DIÁRIO DE BORDO — DIA 20
15/12/2018

Posição: 14 53 N / 058 52 W
Milhas navegadas: 2.585 nm
Milhas para chegar: 265 nm
Velocidade média: 5,4 nós

Acordei à uma hora da manhã com o chamado do Beto, que estava cansado de navegar por tantas horas seguidas. Preparei um café forte para mim e subi meu equipamento de segurança para velejar. A noite estava novamente muito bonita, com a lua a brilhar no céu. Beto disse que teríamos rajadas de até 29 nós, então reduzimos um pouco a área vélica. Assumi o leme à uma e vinte e me despedi do meu amigo. Sugeri a ele que colocasse o despertador para às sete e meia, pois eu estava bem descansado e poderia fazer umas horinhas a mais nessa madrugada.

Comecei meu turno sem grandes problemas para manter a proa 245 graus, pois as ondas e os ventos estavam alinhados para o nosso destino. No meio da noite, por volta das quatro e meia, Beto apareceu no cockpit. Ele sentia muito calor e não conseguia dormir. Sugeri a ele que abrisse uma gaiuta ou que deitasse na parte externa para se refrescar. Ele voltou para o interior do veleiro e não apareceu mais. Às seis e meia, o vento, que soprava constante na casa dos 20 nós, começou a apertar. Olhei para a popa e vi dois grandes squalls pesados se aproximarem rapidamente na nossa retaguarda. Notei que pareciam trazer chuva consigo e, por isso, corri para tirar os equipamentos eletrônicos da área descoberta. Eu estava de bermuda e de jaqueta e não me importei de me molhar um pouco nessa noite quente, já com ares de Caribe.

Os squalls chegaram com força, trazendo ventos de 31 nós, segundo o instrumento do veleiro. A chuva que caiu sobre o barco foi pouca, mas pude ouvir os pingos mais intensos se misturarem com a água salgada do mar. Às sete horas da manhã, comecei a ficar ansioso para terminar o meu turno. Beto continuava dormindo. Quarenta minutos depois, desci e liguei o piloto automático para me preparar para deitar. Escovei os dentes e tirei o colete. Beto e Sofia acordaram com a minha movimentação a bordo. Os dois se prepararam para fazerem juntos o turno da manhã. Eu deitei às oito e meia e "chapei" de sono.

Quando deu meio dia, acordei assustado com o choro da Sofia, que falava sozinha. Ainda deitado na sala, olhei para o cockpit e não vi Beto. Dei um pulo da cama para socorrê-la e entender o que estava acontecendo. Os ventos sopravam muito fortes, com rajadas de 35 nós, e o mar se apresentava com a energia de ondas grandes. Meu primeiro pensamento foi que Beto teria caído do barco com o forte balanço, mas Sofia apontou para dentro do barco indicando que meu amigo descansava na sala. Que susto levei!

Imediatamente assumi o leme e perguntei se tinha acontecido algo para ela estar chorando. Ela me disse que só estava assustada com a dificuldade de controlar o barco e começou a rezar para enfrentar o medo. Perguntei a ela o por que de não nos chamar nessa situação. Ela justificou que não queria atrapalhar nosso descanso. Realmente Beto e eu estávamos exaustos. Fiz com que ela se acalmasse e disse que nós enfrentaríamos juntos a revolta do mar. Estava mesmo difícil de navegar com as ondas batendo de lado no casco. Às vezes, respingava água salgada para dentro do cockpit. Fiquei "duelando" com as ondas e com os ventos por cerca de duas horas, até que a natureza nos deu uma trégua e o mar se acalmou. Corrigimos o rumo novamente para os 245 graus e seguimos velejando. Agora, faltavam menos de 24 horas para chegarmos ao Caribe. E a ansiedade atingia o centro de nossas emoções.

Às três e meia da tarde, desci para preparar uma das nossas últimas refeições a bordo. Gostaria de ter pensado em algo mais especial ou mesmo pescar um último peixe antes de chegarmos. Porém, como a linha da vara tinha se partido, isso não foi possível. Com a despensa quase vazia, depois de tantos dias no mar, resolvi fazer um simples macarrão à carbonara para o almoço. Todas as refeições até então tinham sido incríveis, mas, só porque estávamos no final da viagem, algumas coisas deram errado... Primeiro foi o gás da cozinha que acabou logo após eu ter colocado a massa na água fervendo. Isso atrapalhou o cozimento. Eu tive que esquentar a água novamente após a troca do botijão. A pasta ficou muito hidratada e se transformou em uma papa. No momento que eu fazia o molho, uma onda desavisada me jogou bruscamente de um lado para o outro da cozinha, atirando a macarronada e eu para o ar e, em seguida, contra o chão. Beto estava na roda de leme nesse momento e não teve tempo de me alertar. Muito do alimento se perdeu com esse susto, porém, ainda assim, consegui salvar parte do almoço. Passado o pequeno dessabor, servi a "gororoba" do jeito que deu. Almoçamos os três no cockpit do barco. Apesar da consistência do macarrão não estar al dente, o sabor agradou.

Após o almoço, Beto fez a gentileza de limpar a cozinha enquanto eu descansava do "malabarismo" com as panelas. Sofia ficou por conta de comandar o barco durante a tarde. Às sete e meia da noite, fui preparar o meu banho. Esperamos chegar em Santa Lúcia nas próximas 24 horas e eu queria me sentir renovado depois da longa travessia do Atlântico.

Continuamos navegando e, pela primeira vez na viagem, o sol se pôs no mar sem nuvens no horizonte para atrapalhar o belo espetáculo. A bola de fogo vermelha indicava exatamente o rumo que deveríamos seguir: 250 graus magnéticos. Sugeri abrirmos um vinho para celebrar a nossa última tarde navegando. Escolhemos a melhor garrafa que tínhamos a bordo. Era um vinho com um rótulo bastante simbólico chamado Celeste (Roble da Ribera Del Duero, de 2016). Sofia fez questão de buscar uns salaminhos de aperitivo. Ouvimos Bob Dylan, Dire Straits, entre outros artistas e fechamos mais uma tarde com Louis Armstrong, cantando "What a Wonderful World".

Às dez e vinte da noite, escutamos pela primeira vez a comunicação, via rádio, transmitida da Martinica ilha que fica a pouca distância ao norte de Santa Lúcia. A cada milha navegada, nos aproximávamos mais do Caribe. Às onze e quinze, Sofia foi deitar para "acordar" no Caribe. Beto e eu ficamos admirando nosso trajeto "plotado" no GPS, que também calculava o tempo estimado para o paraíso. Às onze e meia, decidi que não íamos comer o macarrão do almoço de maneira alguma. Se aquilo não prestou no almoço, não prestaria no jantar. Preparei um talharim e fiz um novo molho de tomate, com pedaços de calabresa. Meu amigo e eu comemos enquanto o piloto automático nos conduzia no rumo 253 graus. Com os novos cálculos, estimamos chegar antes do nascer do sol e isso preocupava Beto. Ele preferia chegar com a luz do dia. Eu o apoiei em reduzir a velocidade para esperar o sol nascer, embora, fôssemos capazes de dar conta do recado com a chegada antes da alvorada. Navegaremos as últimas milhas náuticas nas próximas horas!

DIÁRIO DE BORDO - HORAS FINAIS
16/12/2018

Posição: 014 01 N / 60 59 W
Milhas navegadas: 2.700 nm
Milhas para chegar: 115 nm
Velocidade média: 6 nós

Eram três horas da manhã, Beto e eu estávamos no cockpit acompanhando o GPS que nos indicava o tempo estimado de chegada para Santa Lúcia. Tínhamos ligado o motor para dar uma carga nas baterias. No momento de desligar, Beto reparou que o comando de engrenagem do acelerador travou. Isso nos impossibilitava de colocar o barco para seguir para frente ou para trás. Era tudo o que nós precisávamos depois de tantas milhas percorridas pelo oceano Atlântico... Resolvemos que abrir o sistema para tentar destravar o pino que fica no centro do comando de potência. Utilizamos uns três tipos de alicates diferentes e, só depois de muito jeito (e não de força...), conseguimos mover a peça e destravar a engrenagem. Graças a Deus não precisaríamos pedir reboque na entrada da marina em Santa Lúcia. Seria um tanto quanto desagradável não termos meios próprios para aportar.

Avistamos terra depois de 21 dias no mar e algumas horas, exatamente às seis da manhã. As luzes das ilhas de Martinica, ao norte, e Santa Lúcia, ao sul, eram os sinais mais esperados durante a noite. Redobramos a atenção, pois, na passagem entre as duas ilhas, presenciaríamos o intenso movimento de barcos. Às nove horas, descemos para começar a nos equipar para a manobra de mudança de rumo. Precisávamos mudar do rumo 235 graus para 180 graus. Após quarenta minutos, Beto e eu fomos para a proa descer o pau de spinnaker. Sofia permaneceu no cockpit monitorando o piloto automático enquanto fazíamos o trabalho. Tiramos o preventer preso na ponta da retranca que protegia o mastro no caso de um jaibe inesperado e voltamos todos para o cockpit. O barco estava pronto para cambar.

Com apenas 2 milhas náuticas para o nosso destino, chamamos o comitê do rally na linha de chegada, como mandava o protocolo da regata. Informamos que estávamos na iminência de cruzar as boias que sinalizavam o fim da travessia. Após 21 dias, 22 horas e 17 minutos no mar, sem contato com qualquer outra pessoa, Sofia, Beto e eu nos sentimos realizados por cumprir a meta de um sonho. Cruzamos a linha de chegada conquistando mais do que qualquer um de nós um podia esperar. As experiências que compartilhamos durante todo esse tempo no mar, com certeza permanecerão para sempre na nossa memória.

ESTATÍSTICAS DA TRAVESSIA

Milhas náuticas:
2700 (cerca de 5 mil quilômetros)

Tempo total no mar:
21 dias, 22 horas e 17 minutos

Tripulantes: 3

Refeições a bordo: 42

Receitas não repetidas: 37

Quilogramas perdidos: 3 kg

Estrelas cadentes contadas: 642

Satélites avistados: 15

Óvnis: 0,5 (uma leve suspeita...)

Contatos imediatos de 3 grau: 0

Dourados pescados: 7

Atuns pescados: 0

Baleias avistadas: 0

Golfinhos alegres: 3 (grupos)

Submarinos avistados: 0

Discussões a bordo: 3

Enjoos:
Max (0), Sofia (17), Beto (6)

Quebra de equipamento: 0

Velocidade máxima:
9 nós (aprox.16 km/h)

Velocidade mínima:
2 nós (aprox. 4 km/h)

Rajada de vento (máx.):
41 nós (aprox. 76 km/h)

Maior onda (aprox.): 4 metros

Banhos: 7

Banhos de chuva: 2

Água consumida: 550 litros

Combustível consumido: 270 litros

Sacos de lixo produzidos: 2 (grandes)

Vezes que eu tive que virar a cueca: 1

Peixes voadores suicidas no deck: 7

Prova do líder: 0

Arco íris: 4

Nuvens no formato de elefante: 3

Animais torturados durante a
travessia: 0

Cantores/bandas mais tocados:
Dire Straits, Elton John, Bob Dylan,
Raul Seixas e Louis Armstrong.

AGRADECIMENTOS

Para a realização deste livro, cabe a mim agradecer às inúmeras pessoas que se fizeram presentes na minha vida, não somente durante os dias que passei escrevendo, editando e revisando o livro *Mar Calmo Não Faz Bom Marinheiro*.

Cada passagem vivida e contada aqui, só resultou conforme descrito, graças às experiências pelas quais passei ao encontrar todo tipo de gente pelo caminho. Portanto, agradeço pelo aprendizado experimentado, seja pela convivência com os amigos, seja pela surpresa do encontro com um estranho.

Dito isso, venho aqui também agradecer ao meu editor e amigo, Felipe Colbert, que com sua valiosa orientação, me conduziu a compor ao longo do nosso processo aquilo que eu esboçava desde os meus primeiros manuscritos.

Ao amigo, fotógrafo documentarista e designer, Alberto Andrich, parceiro de inúmeros projetos, que com o seu inegável talento e sensibilidade artística fez desta publicação algo ainda mais expressivo e visualmente impactante.

Agradeço também aos personagens que diretamente fizeram parte dos capítulos que se seguiram. Infelizmente, precisei alterar a maioria dos nomes por questões de propriedade intelectual e sigilo. Entretanto, as histórias relatadas são do conhecimento de cada um deles.

Agradeço também à minha família, em destaque ao meu querido irmão, Jean Fercondini, por ser meu parceiro e amigo de inúmeras aventuras desde a nossa juventude.

Por fim e mais do que em especial, agradeço e dedico essa obra à minha adorada mãe, Marcia Kablukow que, sem sombra de dúvidas, é a minha maior inspiração e a pessoa responsável pela formação do meu caráter.

APOIO

A publicação deste livro teve o apoio da HANGAR 33,
marca de moda masculina inspirada no universo
da aviação.

Para conhecer mais da empresa e seus produtos,
acesse o QR Code abaixo:

INDICAÇÃO LITERÁRIA

Pelo teor rico em experiências humanas junto à natureza, esta obra recebeu o *Certificado de Leitura Recomendada* da World Adventure Society – WAS.

A organização reúne aventureiros e exploradores de todas as partes do mundo e trabalha para melhorar as relações do ser humano com a natureza.

Para conhecer a WAS, acesse o QR Code abaixo:

í
INSÍGNIA

Abordamos, em nossa casa editorial, obras de referência e autores cujas credenciais falam por si.

Ao prezar pela qualidade de nossas publicações, queremos trazer informação, discussão e novas ideias às áreas que pretendemos atingir.

Para conhecer mais livros da Insígnia Editorial, aponte a câmera do celular para o QR Code abaixo e visite o nosso site.

PRIMEIRA EDIÇÃO [2022]

Esta obra foi composta por Insígnia Editorial nas
tipologias Adobe Devanegari e fzm Old Typewriter.
A capa foi impressa em papel Supremo 250g/m²,
miolo em papel Book Ivory Slim 65g/m² e
cadernos de fotos em Couché Brilho 115g/m²
em julho de 2022.
Impressão Margraf